KB128423

표준 작성 가이드

강창욱 · 정재익 · 류길홍
이승은 · 정장우 · 김건호

박영사

머리말

본 가이드는 표준 작성 업무를 수행하는 사람이나 앞으로 수행할 사람에게 공통으로 도움을 주기 위하여 KS A 0001(표준의 서식과 작성방법)과 2011년 제6판으로 발행된 ISO/IEC Directive Part 2(Rules for the structure and drafting of International Standards)를 바탕으로 다음과 같이 2장 및 부록으로 구성하였다.

제 1 장에서는 표준화의 대상과 KS A 0001(표준의 서식과 작성방법)에 규정된 표준내의 요소배열순서, 번호 붙이기 등 표준의 구조에 대하여 소개한다.

1.1 표준화와 표준화의 대상 1.2 표준내의 요소 배열순서 1.3 구분 및 세부구분의 종류와 번호 붙이기

제 2 장에서는 KS A 0001(표준의 서식과 작성방법)에 따른 제품표준, 방법표준, 전달표준의 구성 요소별 작성방법을 사례중심으로 소개한다.

이 장에서는 제품표준, 방법표준, 전달표준의 구성요소별 작성가이드, 작성포인트, 작성사례를 제시한다.

작성 가이드	KS A 0001(표준의 서식과 작성방법)에서 규정한 작성원칙
작성 포인트	표준작성의 핵심 포인트
작성 사례	올바른 사례와 올바르지 않은 작성사례 및 실제 사례

2.1 제품표준 작성방법
2.2 방법표준 작성방법
2.3 전달표준(용어표준) 작성방법
2.4 전달표준(경영시스템 표준) 작성방법
2.5 전달표준(가이드, 규범 표준) 작성방법

부록에서는 표준작성 공통규칙과 표준화 및 관련활동에 대한 용어와 정의에 대해 소개한다.

[부록1] 표준작성 공통규칙

1. 표준작성 원칙
2. 표준의 일관성 확보 방법
3. 본문에 통합된 비고 및 보기 작성방법
4. 본문에 속한 각주 작성방법
5. 본문의 문장 말미형태
6. 본문의 그림 작성방법
7. 본문의 표 작성방법
8. 본문의 참조 작성방법
9. 숫자와 수치의 표시방법
10. 양, 단위, 기호 및 부호 표시방법
11. 수학적 공식
12 문장 쓰는 방법
13. 호칭체계
14. 특허권의 표준화 방법

[부록2] 용어와 정의(표준화 및 관련 활동)

이 용어와 정의는 "KS A ISO/IEC Guide 2: 2002 표준화 및 관련 활동－일반 어휘"의 내용을 인용한 것이다.

목차

CHAPTER 1

표준의 구조

이 장에서는 표준화의 대상과 KS A 0001(표준의 서식과 작성방법)과 2011년 제6판으로 발행된 ISO/IEC Directive Part 2(Rules for the structure and drafting of International Standards)에 규정된 표준내의 요소배열순서, 번호 붙이기 등 표준의 구조에 대하여 소개한다.

1.1 표준화와 표준화의 대상

ISO/IEC Guide 2(2004)에서는 "표준을 합의에 의해 제정되고 인정된 기관에 의해 승인되었으며, 주어진 범위 내에서 최적 수준의 질서 확립을 목적으로 공통적이고 반복적인 사용을 위해 규칙, 지침 또는 특성을 제공하는 문서"로 표준을 정의하고 있으며, "표준화를 실제적이거나 잠재적인 문제들에 대해 주어진 범위 내에서 최적 수준의 질서 확립을 목적으로 공통적이고 반복적인 사용을 위한 규정을 만드는 활동"으로 정의하고 있다.

◆ **표준**

합의에 의해 제정되고 인정된 기관에 의해 승인되었으며, 주어진 범위 내에서 최적 수준의 질서 확립을 목적으로 공통적이고 반복적인 사용을 위해 규칙, 지침 또는 특성을 제공하는 문서[ISO/IEC Guide 2(2004)]

◆ **표준화**

표준화란 실제적이거나 잠재적인 문제들에 대해 주어진 범위 내에서 최적 수준의 질서 확립을 목적으로 공통적이고 반복적인 사용을 위한 규정을 만드는 활동[ISO/IEC Guide 2(2004)]

무엇을 대상으로 표준화를 할 것인가?

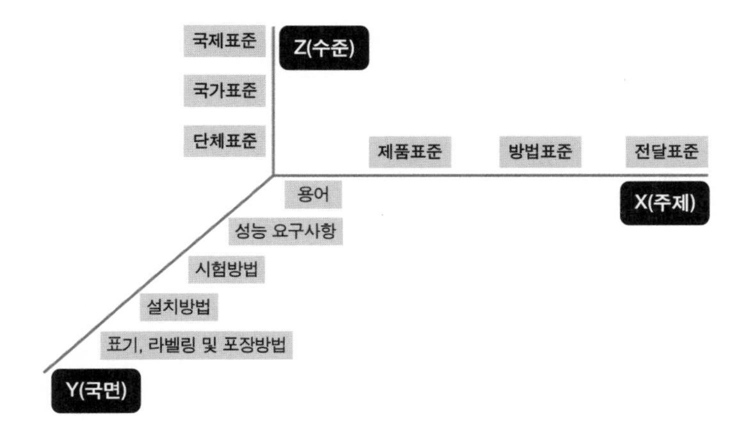

표준화의 대상을 선정할 때 1950년대에 처음으로 랄 베어만(L. C. Verman)에 의해 제창된 표준화 공간의 개념 속에 제시된 표준화의 주제(영역), 국면 및 수준의 3가지 축을 이용할 수 있다. 표준화의 **주제**란 '무엇을 표준화할 것인가'라는 의미이다. **국면**은 그 주제의 '어디를 표준화할 것인가'라는 의미이며, 표준화의 **수준**이란 '어느 범위까지 표준화할 것인가'의 의미이다.

ISO나 우리나라 국가표준(KS)의 경우에도 표준화의 대상을 제품, 방법, 전달사항으로 구분하고 있다.

- 제품표준 : 제품이 특정 조건 아래에서 소정의 목적을 달성하기 위하여 만족시켜야 하는 요구사항에 대하여 규정하는 표준. 요구사항의 일부만을 규정하는 표준을 포함한다.
- 방법표준 : 시험방법 등에 대하여 규정하는 표준. 때로는 샘플링방법, 통계적 방법의 사용 및 시험순서와 같은 시험에 관한 기타 규정도 보충적으로 정한다.
- 전달표준 : 용어, 기호 등의 정확한 정보제공을 목적으로 규정하는 표준

표준의 목적은 국제교역 및 의사소통을 원활히 하기 위하여 분명하고 명확한 조항을 정의하는데 있다. 이 목적을 달성하기 위하여 표준은 다음과 같아야 한다.

- 표준의 적용범위에 규정된 한도 내에서 필요한 모든 사항을 포함할 수 있도록 완전하여야 한다.
- 일관성 있고 분명하며 정확하여야 한다.
- 기술현황을 최대한 고려하여야 한다.
- 향후 기술개발의 틀을 제공하여야 한다.
- 표준개발에 참여하지 않은 관련자도 이해할 수 있어야 한다.
- 표준작성 원칙을 고려하여야 한다(본 도서 부록1 참조).

일반적으로 표준화 대상은 다음과 같다.

표준화의 대상별 구성요소 및 배열순서는 다음 쪽에서 상세히 설명한다.

1.2 표준내의 요소 배열순서

KS A 0001:2015(표준의 서식과 작성방법)에서 제시하고 있는 제품표준, 방법표준, 전달표준의 구성 요소 배열 순서와 요소 내의 허용 내용은 다음과 같다.

▶ 제품표준의 요소 배열순서와 요소의 허용 내용은 다음과 같다.

구분	제품표준 요소 배열 순서	요소의 허용 내용
예비 참고요소	표지(Title page)	명칭
	목차(Table of contents)	생성된 내용
	머리말(Foreword)	본문, 비고, 각주
	개요(Introduction)	본문, 그림, 표, 비고, 각주
일반 규정요소	적용범위(Scope)	본문, 그림, 표, 비고, 각주
	인용표준(Normative references)	참조, 각주
기술적 규정요소	용어와 정의(Terms and definitions)	본문, 그림, 표, 비고, 각주
	기호와 약어(Symbols and abbreviated terms)	본문, 그림, 표, 비고, 각주
	요구사항(Requirements)	본문, 그림, 표, 비고, 각주
	샘플링(Sampling)	본문, 그림, 표, 비고, 각주
	시험방법(Test method)	본문, 그림, 표, 비고, 각주
	분류, 호칭 및 부호화(Classification, designation and coding)	본문, 그림, 표, 비고, 각주
	표기, 라벨링 및 포장(Marking, labeling and packaging)	본문, 그림, 표, 비고, 각주
	규정 부속서(Normative annex)	본문, 그림, 표, 비고, 각주
보충 참고요소	참고 부속서(Informative annex)	본문, 그림, 표, 비고, 각주
	참고 문헌(Bibliography)	참조, 각주
	색인(Indexes)	생성된 내용

▶ 방법표준(시험표준)의 요소 배열순서와 요소의 허용 내용은 다음과 같다.

구분	방법표준 요소 배열 순서	요소의 허용 내용
예비 참고요소	표지(Title page)	명칭
	목차(Table of contents)	생성된 내용
	머리말(Foreword)	본문, 비고, 각주
	개요(Introduction)	본문, 그림, 표, 비고, 각주
일반 규정요소	적용범위(Scope)	본문, 그림, 표, 비고, 각주
	인용표준(Normative references)	참조, 각주
기술적 규정요소	용어와 정의(Terms and definitions)	본문, 그림, 표, 비고, 각주
	기호와 약어(Symbols and abbreviated terms)	본문, 그림, 표, 비고, 각주
	시험원리	본문, 그림, 표, 비고, 각주
	시약 및/또는 재료	본문, 그림, 표, 비고, 각주
	시험장치	본문, 그림, 표, 비고, 각주
	시험시료의 준비와 보존	본문, 그림, 표, 비고, 각주
	시험절차	본문, 그림, 표, 비고, 각주
	계산방법 및 시험결과의 표시	본문, 그림, 표, 비고, 각주
	시험정적서	본문, 그림, 표, 비고, 각주
	규정 부속서(Normative annex)	본문, 그림, 표, 비고, 각주
보충 참고요소	참고 부속서(Informative annex)	본문, 그림, 표, 비고, 각주
	참고 문헌(Bibliography)	참조, 각주
	색인(Indexes)	생성된 내용

▶ 전달표준(용어표준)의 요소 배열순서와 요소의 허용 내용은 다음과 같다.

구분	전달표준(용어표준) 요소 배열 순서	요소의 허용 내용
예비 참고요소	표지(Title page)	명칭
	목차(Table of contents)	생성된 내용
	머리말(Foreword)	본문, 비고, 각주
	개요(Introduction)	본문, 그림, 표, 비고, 각주
일반 규정요소	적용범위(Scope)	본문, 그림, 표, 비고, 각주
	인용표준(Normative references)	참조, 각주
기술적 규정요소	용어와 정의(Terms and definitions)	본문, 그림, 표, 비고, 각주
	기호와 약어(Symbols and abbreviated terms)	본문, 그림, 표, 비고, 각주
보충 참고요소	참고 문헌(Bibliography)	참조, 각주
	색인(Indexes)	생성된 내용

▶ 전달표준(경영시스템 표준)의 요소 배열순서와 요소의 허용 내용은 다음과 같다.

구분	전달표준(경영시스템 표준) 요소 배열 순서	요소의 허용 내용
예비 참고요소	표지(Title page)	명칭
	목차(Table of contents)	생성된 내용
	머리말(Foreword)	본문, 비고, 각주
	개요(Introduction)	본문, 그림, 표, 비고, 각주
일반 규정요소	적용범위(Scope)	본문, 그림, 표, 비고, 각주
	인용표준(Normative references)	참조, 각주
기술적 규정요소	용어와 정의(Terms and definitions)	본문, 그림, 표, 비고, 각주
	기호와 약어(Symbols and abbreviated terms)	본문, 그림, 표, 비고, 각주
	조직의 상황(Context of the organization)	본문, 그림, 표, 비고, 각주
	리더십(Leadership)	본문, 그림, 표, 비고, 각주
	기획(Planning)	본문, 그림, 표, 비고, 각주
	지원(Support)	본문, 그림, 표, 비고, 각주
	운영(Operation)	본문, 그림, 표, 비고, 각주
	성과평가(Performance evaluation)	본문, 그림, 표, 비고, 각주
	개선(Improvement)	본문, 그림, 표, 비고, 각주
	규정 부속서(Normative annex)	본문, 그림, 표, 비고, 각주
보충 참고요소	참고 부속서(Informative annex)	본문, 그림, 표, 비고, 각주
	참고 문헌(Bibliography)	참조, 각주
	색인(Indexes)	생성된 내용

▶ 전달표준(가이드, 규범 등)의 요소 배열순서와 요소의 허용 내용은 다음과 같다.

구분	전달표준(가이드, 규범 등) 요소 배열 순서	요소의 허용 내용
예비 참고요소	표지(Title page)	명칭
	목차(Table of contents)	생성된 내용
	머리말(Foreword)	본문, 비고, 각주
	개요(Introduction)	본문, 그림, 표, 비고, 각주
일반 규정요소	적용범위(Scope)	본문, 그림, 표, 비고, 각주
	인용표준(Normative references)	참조, 각주
기술적 규정요소	용어와 정의(Terms and definitions)	본문, 그림, 표, 비고, 각주
	기호와 약어(Symbols and abbreviated terms)	본문, 그림, 표, 비고, 각주
	가이드, 규범 등의 요구사항(Requirements)	본문, 그림, 표, 비고, 각주
	규정 부속서(Normative annex)	본문, 그림, 표, 비고, 각주
보충 참고요소	참고 부속서(Informative annex)	본문, 그림, 표, 비고, 각주
	참고 문헌(Bibliography)	참조, 각주
	색인(Indexes)	생성된 내용

1.3 구분 및 세부구분의 종류와 번호 붙이기

표준 내에 존재하는 구분 및 세부구분을 지정하는 데 사용될 수 있는 구분 및 세부구분의 명칭은 다음의 보기와 같다. 절과 항의 번호 부여는 한 절과 다섯 단계의 항으로 최대 6단계까지 가능하다. 주의할 점은 절 번호 및 항 번호 다음에 (.)을 하지 않는다(보기 참조).

보기 구분 및 세부구분의 명칭

한글	영어	번호부여의 보기
부	Part	9999-1
절 항(기본항) 항(파생항) 문단	Clause Subclause Subclause Paragraph	1 1.1 1.1.1 [번호없음]
부속서	Annex	A

구분 및 세부구분의 번호부여 보기

<table>
<tr><th colspan="2">구분</th><th>절 번호</th><th colspan="2">항 번호</th></tr>
<tr><td>일반 규정요소</td><td>적용범위
인용표준</td><td rowspan="2">1
2
3
4
5
6
7
8
9
10
11
12
13
14
15
16</td><td rowspan="2">6.1
6.2
6.3
6.4
6.5
6.6
6.7

12.1
12.2
12.2.1
12.2.1.1
12.2.1.1.1
12.2.1.1.1.1[a]
12.2.1.1.1.2 [a]
12.2.1.1.2
12.2.1.1.2.1 [a]
12.2.1.1.2.2 [a]
12.2.1.2
12.2.2
12.3</td><td rowspan="2">6.4.1
6.4.2
6.4.3
6.4.4
6.4.5
6.4.6
6.4.7
6.4.8
6.4.9
6.4.10
6.4.11
6.4.12
6.4.13
6.4.14
6.4.15
6.4.16</td></tr>
<tr><td rowspan="2">기술적 규정요소</td><td>용어와 정의
기호와 약어
·
·
·</td></tr>
<tr><td>부속서 A
(규정)</td><td>A.1
A.2
A.3</td><td>A.1.1
A.2.1
A.3.1</td><td>A.1.1.1
A.2.1.1
A.3.1.1</td></tr>
<tr><td>보충 참고요소</td><td>부속서 B (참고)</td><td>B.1
B.2
B.3</td><td>B.1.1
B.1.2</td><td>B.1.1.1
B.1.1.2
B.1.2.1
B.1.2.2</td></tr>
</table>

[a] 한 절과 다섯 단계의 항으로 최대 6단계까지 가능

표준의 쪽 번호는 다음과 같이 부여한다.

▶ 표준의 앞 표지 및 뒤 표지에는 보기와 같이 쪽 번호를 부여하지 않는다.

보기 표준의 앞 표지 및 뒤 표지

▶ 목차, 머리말, 개요의 쪽 번호는 그리스어 소문자(i , ii, iii 등)로 부여한다.

보기 i , ii, iii ……

▶ 표준본문의 쪽 번호는 본체 · 부속서 · 해설을 통해서 일련번호로 한다.

보기 1, 2, 3, 4, 5 …….

▶ 그림의 번호부여는 개요 및 표준본문(머리말, 부속서 제외)을 통해서 일련번호로 한다.

보기 그림 1 – 그림제목, 그림 2 – 그림제목, 그림 3 – 그림 제목 ……

▶ 표의 번호부여는 개요 및 표준본문(머리말, 부속서 제외)을 통해서 일련번호로 한다.

보기 표 1 – 표 제목, 표 2 – 표 제목, 표 3 – 표 제목 ……

① 부(part)

부는 다음의 보기와 같이 표준을 동일한 번호 밑에 분리하는 것이다. 표준은 동일한 번호 밑에 분리하는 부로 나누어도 된다. 이것은 필요성이 있을 때 각 부를 개별적으로 개정할 수 있다는 장점을 가진다.

보기 동일한 번호 밑에 분리하는 표준의 구분

KS Q ISO 2859-1 제1부: 로트별 합격품질한계(AQL) 지표형 샘플링 검사 스킴
KS Q ISO 2859-2 제2부: 고립 로트의 검사에 대한 LQ 지표형 샘플링 검사 방식
KS Q ISO 2859-3 제3부: 스킵 로트 샘플링 검사 절차

부의 번호는 1부터 시작하는 아라비아 숫자로 표시되며, 표준번호 뒤에 붙임표(–)를 넣어 배치하여야 한다. 보기를 들면, 9999–1, 9999–2 등.

한 부의 명칭은 본 도서 2.1.1에 설명된 표준 명칭 작성방법과 동일한 방법으로 작성되어야 한다. 일련의 부에 있는 모든 개별 명칭이 동일한 도입요소(존재할 경우) 및 주 요소를 가질 수 있는 반면, 보완요소는 한 부를 다른 부와 구별할 수 있도록 각각 달라야 한다. 보완요소는 각 경우에 "제…부" 와 같은 호칭이 앞에 선행되어야 한다.

한 표준이 여러 개의 분리된 부를 가진 형태로 발간된 경우, 제1부는 해당 머리말에 의도하는 체계에 대한 설명을 포함시켜야 한다.

일련의 표준 집합에 포함된 각 부의 머리말에는 계획 중이거나 출판된 모든 다른 부의 명칭이 참조되어야 한다.

다음과 같은 특별한 상황 및 실질적 사유가 있을 경우, 해당 표준을 동일한 번호 아래 부로 나누어 편성할 수 있다.

a) 표준이 너무 방대해지는 경우
a) 해당 내용의 바로 다음 부분과 서로 연결되는 경우
b) 표준의 일부가 법령(기술기준)과 연관된 경우
c) 표준의 일부가 인증 목적의 용도로 작성된 경우

특히, 각기 다른 이해당사자(제조자, 인증기관, 입법기관 등)에게 별도의 이해관계가 있는 제품의 측면은 되도록 단일 표준의 부로 구분되거나 또는 별도의 표준으로 명확히 구분되어야 한다.

보기를 들면, 이와 같은 개별적 측면은 다음과 같다.

- 안전 및 보건 요구사항
- 성능 요구사항
- 유지보전 및 서비스 요구사항
- 설치 규칙
- 품질 평가

일련의 부 내에서 주제의 세분화를 위한 방법에는 두 가지가 있다.

a) 각 부가 주제의 특정 측면을 다루며 단독으로 구성될 수 있는 경우

보기 1

제1부 : 어휘
제2부 : 요구사항
제3부 : 시험방법
제4부 : …

보기 2

제1부 : 어휘

제2부 : 고조파

제3부 : 정전기 방전

제4부 : …

b) 주제에는 공통적 측면과 특정한 측면이 모두 존재할 수 있다. 공통적 측면은 제1부에서 제시되어야 한다. 특정한 측면(일반적인 측면을 수정하거나 보충하는 내용으로서 단독으로 구성될 수 없는 측면)은 개별적인 부에서 제시되어야 한다.

보기 3

제1부 : 일반 요구사항

제2부 : 온도 요구사항

제3부 : 공기청정도 요구사항

제4부 : 음향 요구사항

② 절(clause)

절은 표준 목차의 세분에 있어 기본적인 구성요소이다.

각 표준 또는 부에서의 절은 "**적용범위**"의 절을 1로 놓고 아라비아 숫자로 번호를 부여하여야 한다. 번호부여는 연속적이어야 하고 부속서는 여기에서 제외한다.

각각의 절은 해당 번호 바로 뒤에 제목을 배치시키고 제목에 대한 본문내용과 구분된 행에 위치시켜야 한다.

보기 절(clause)

1 자원 관리 → 절(Clause)

각 표준 또는 부에서의 절은 **"적용범위"**의 절을 1로 놓고 아라비아 숫자로 번호를 부여하여야 한다. 번호부여는 연속적이어야 하고 부속서는 여기에서 제외한다.

1.1 조직 내 인원

1.1.1 인원 관리

인원은 조직의 중대한 자원이고 그들의 전원 참여는 이해관계자들을 위해 가치를 만들어내기 위한 조직의 능력을 향상시킨다. 최고 경영자는 리더십을 통하여 공유하는 비전 및 공유하는 가치 그리고 인원이 조직 목표를 달성하는 데 전원 참여할 수 있는 내부 환경을 만들고 유지하는 것이 좋다.

조직은 다음 사항에 대해 인원에게 권한을 위임하는 프로세스를 수립하는 것이 좋다.

— 조직의 전략 및 프로세스 목표를 개인의 업무 목표로 전환하고 그것을 달성하기 위해 계획을 수립하는 것.

— 실행상의 제약사항을 파악

— 문제 해결에 대한 주인의식 및 책임감 소유

1.1.2 경력 관리

중략

1.2 기반구조

조직은 조직의 기반구조를 효과적이고 효율적으로 계획하고, 제공하며 관리하는 것이 좋다. 조직의 목표를 충족시키기 위해 기반구조의 적절성을 주기적으로 평가하는 것이 좋다. 다음 사항이 적절히 고려되는 것이 좋다.

— 기반구조의 신인성(가용성, 신뢰성, 보전성 및 유지보수 지원에 대한 고려 포함)

— 안전 및 보안

— 제품 및 프로세스에 관련된 기반구조 요소

비 고 환경 영향에 대한 추가 정보는 ISO/TC 207에서 제정한 ISO 14001 표준 참조

③ 항(subcluse)

항은 번호가 부여된 절의 세분화된 구분이다.

기본 항(보기를 들면, 5.1, 5.2 등)은 파생 항(보기를 들면, 5.1.1, 5.1.2등)으로 세분되어도 되고, 이 세분화 과정은 5단계까지 연속되어도 된다.

보기 5.1.1.1.1.1, 5.1.1.1.1.2 등

항은 아라비아 숫자로 번호가 부여되어야 한다.

항은 같은 단계에서 최소 두 개 이상의 항이 존재할 때에만 생성되어야 한다.

보기를 들면, 10.의 본문에서 "10.2"가 지정되지 않으면 "10.1"이 지정되어서는 안 된다.

각각의 기본 항은 그 뒤에 오는 본문과 행을 바꾸어서, 그 항의 번호 바로 뒤에 위치하여야 하는 제목을 되도록 붙이는 것이 좋다. 파생 항도 같은 방법으로 취급해도 된다. 절 혹은 항 내에서 같은 단계에 있는 항의 제목 표기는 균일하여야 한다.

보기를 들면, 10.1에 제목이 있다면 10.2에도 제목이 있어야 한다.

제목이 없을 때는 항 본문의 서두에 특유의 활자로 핵심 용어나 핵심

구절을 표기하는 것이 본문에서 다루어질 주제에 대해 주목하도록 할 수 있다. 위의 핵심용어나 핵심구절을 목차에 나열시켜서는 안 된다.

보기 항(subcluse)

기본 항(보기를 들면, **5.1, 5.2**등)은 파생 항(보기를 들면, **5.1.1, 5.1.2**등)으로 세분되어도 되고, 이 세분화 과정은 **5단계까지 연속**되어도 된다.
항은 같은 단계에서 최소 두 개 이상의 항이 존재할 때에만 생성되어야 한다.
보기 10.의 본문에서 **"10.2"**가 지정되지 않으면 **"10.1"**이 지정되어서는 안 된다.

1 자원 관리
1.1 조직 내 인원 → 기본항
1.1.1 인원 관리 → 파생항
인원은 조직의 중대한 자원이고 그들의 전원 참여는 이해관계자들을 위해 가치를 만들어내기 위한 조직의 능력을 향상시킨다. 최고 경영자는 리더십을 통하여 공유하는 비전 및 공유하는 가치 그리고 인원이 조직 목표를 달성하는 데 전원 참여할 수 있는 내부 환경을 만들고 유지하는 것이 좋다.
조직은 다음 사항에 대해 인원에게 권한을 위임하는 프로세스를 수립하는 것이 좋다.
— 조직의 전략 및 프로세스 목표를 개인의 업무 목표로 전환하고 그것을 달성하기 위해 계획을 수립하는 것.
— 실행상의 제약사항을 파악
— 문제 해결에 대한 주인의식 및 책임감 소유
1.1.2 경력 관리
중략
1.2 기반구조
조직은 조직의 기반구조를 효과적이고 효율적으로 계획하고, 제공하며 관리하는 것이 좋다. 조직의 목표를 충족시키기 위해 기반구조의 적절성을 주기적으로 평가하는 것이 좋다. 다음 사항이 적절히 고려되는 것이 좋다.
— 기반구조의 신인성(가용성, 신뢰성, 보전성 및 유지보수 지원에 대한 고려 포함)
— 안전 및 보안
— 제품 및 프로세스에 관련된 기반구조 요소
비 고 환경 영향에 대한 추가 정보는 ISO/TC 207에서 제정한 ISO 14001 표준 참조

④ 문단(paragraph)

문단은 절 또는 항의 번호가 부여되지 않은 세부구분이다.

보기 문단(paragraph)

1 자원 관리
1.1 조직 내 인원
1.1.1 인원 관리
인원은 조직의 중대한 자원이고 그들의 전원 참여는 이해관계자들을 위해 가치를 만들어내기 위한 조직의 능력을 향상시킨다. 최고 경영자는 리더십을 통하여 공유하는 비전 및 공유하는 가치 그리고 인원이 조직 목표를 달성하는 데 전원 참여할 수 있는 내부 환경을 만들고 유지하는 것이 좋다. 문단(Paragraph)
조직은 다음 사항에 대해 인원에게 권한을 위임하는 프로세스를 수립하는 것이 좋다.
— 조직의 전략 및 프로세스 목표를 개인의 업무 목표로 전환하고 그것을 달성하기 위해 계획을 수립하는 것.
— 실행상의 제약사항을 파악
— 문제 해결에 대한 주인의식 및 책임감 소유
1.1.2 경력 관리
중략
1.2 기반구조
조직은 조직의 기반구조를 효과적이고 효율적으로 계획하고, 제공하며 관리하는 것이 좋다. 조직의 목표를 충족시키기 위해 기반구조의 적절성을 주기적으로 평가하는 것이 좋다. 다음 사항이 적절히 고려되는 것이 좋다.
— 기반구조의 신인성(가용성, 신뢰성, 보전성 및 유지보수 지원에 대한 고려 포함)
— 안전 및 보안
— 제품 및 프로세스에 관련된 기반구조 요소
비 고 환경 영향에 대한 추가 정보는 ISO/TC 207에서 제정한 ISO 14001 표준 참조

다음의 보기에서 표현된 것과 같은 "미결 문단(Hanging paragraph)"은 그에 대해 언급하는 것이 불분명해질 우려가 있으므로 피하여야 한다.

보기에서 표현된 미결 문단은 엄밀하게 말해 5.1과 5.2의 문단도 5절에 포함되어 있기 때문에 "제5절"로서 독자적으로 구분될 수 없다.

이런 문제점을 피하기 위해 번호가 부여되지 않은 문단을 항인 "5.1 일반사항" 또는 다른 적당한 제목으로 구별할 수 있게 하고, 다음에 나타낸 현행 5.1과 5.2를 그에 따라 적절히 번호를 재부여해서 미결 문단을 다른 곳으로 이동시키거나, 또는 삭제할 필요가 있다.

보기 미결 문단(Hanging paragraph)

올바르지 않음(X)	올바름(O)
5 지정 이 문장은 미결문단 설명을 위한 것입니다. 이 문장은 미결문단 설명을 위한 것입니다. 이 문장은 미결문단 설명을 위한 것입니다. **5.2 Xxxxxxxxxxx** 이 문장은 미결문단 설명을 위한 것입니다. **5.3 Xxxxxxxxxxx** 이 문장은 미결문단 설명을 위한 것입니다. 이 문장은 미결문단 설명을 위한 것입니다. 이 문장은 미결문단 설명을 위한 것입니다. 이 문장은 미결문단 설명을 위한 것입니다. **6 시험 성적서**	**5 지정** **5.1 일반사항** 이 문장은 미결문단 설명을 위한 것입니다. 이 문장은 미결문단 설명을 위한 것입니다. 이 문장은 미결문단 설명을 위한 것입니다. **5.2 Xxxxxxxxxxx** 이 문장은 미결문단 설명을 위한 것입니다. **5.3 Xxxxxxxxxxx** 이 문장은 미결문단 설명을 위한 것입니다. 이 문장은 미결문단 설명을 위한 것입니다. 이 문장은 미결문단 설명을 위한 것입니다. 이 문장은 미결문단 설명을 위한 것입니다. **6 시험 성적서**

⑤ 목록(list)

목록은 항목에 의해서 완성되는 문장이다.

보기 목록(list)

1 자원 관리
1.1 조직 내 인원
1.1.1 인원 관리
인원은 조직의 중대한 자원이고 그들의 전원 참여는 이해관계자들을 위해 가치를 만들어내기 위한 조직의 능력을 향상시킨다. 최고 경영자는 리더십을 통하여 공유하는 비전 및 공유하는 가치 그리고 인원이 조직 목표를 달성하는 데 전원 참여할 수 있는 내부 환경을 만들고 유지하는 것이 좋다.
조직은 다음 사항에 대해 인원에게 권한을 위임하는 프로세스를 수립하는 것이 좋다.
— 조직의 전략 및 프로세스 목표를 개인의 업무 목표로 전환하고 그것을 달성하기 위해 계획을 수립하는 것.
— 실행상의 제약사항을 파악
— 문제 해결에 대한 주인의식 및 책임감 소유 **목록(List)**
1.1.2 경력 관리
중략
1.2 기반구조
조직은 조직의 기반구조를 효과적이고 효율적으로 계획하고, 제공하며 관리하는 것이 좋다. 조직의 목표를 충족시키기 위해 기반구조의 적절성을 주기적으로 평가하는 것이 좋다. 다음 사항이 적절히 고려되는 것이 좋다.
— 기반구조의 신인성(가용성, 신뢰성, 보전성 및 유지보수 지원에 대한 고려 포함)
— 안전 및 보안
— 제품 및 프로세스에 관련된 기반구조 요소
비 고 환경 영향에 대한 추가 정보는 ISO/TC 207에서 제정한 ISO 14001 표준 참조

목록은 그 목록의 항목에 의해서 완성되는 한 문장으로 도입되거나(**보기** 1 참조), 쉼표로 연결되는 완전한 항목으로 도입되거나(**보기** 2 참조), 또는 항목(쉼표 없음–보기 3 참조)으로 도입되어도 된다.

목록 내에 각 항목은 줄표 (–) 또는 가운데 큰점(“•”, bullet), 닫는 괄호가 딸린 소문자(구별을 위해 필요한 경우)를 목록 문장의 앞에 놓아야 한다. 후자 형태의 목록에서 항목을 추가적으로 세분화할 필요가 있을 때에는 닫는 괄호가 딸린 아라비아 숫자를 사용한다(**보기** 1 참조).

[보기 1]

다음의 기본 원칙은 정의에 관한 표준을 작성할 때 적용되어야 한다.
a) 정의는 용어상으로 동일한 문법 형식을 사용하여야 한다.
1) 동사를 정의하기 위해서는 동사구를 사용하여야 한다.
2) 단수명사를 정의하기 위해서는 단수를 사용하여야 한다.
b) 정의에서 선호하는 구조(preferred structure)는 해당 개념이 속하는 단계에 관해 언급하는 기본부와 해당단계에 있는 다른 부분과 개념을 구분하는 특성에 관해 열거하는 또 다른 부로 구성된다.
c) 양의 정의는 KS A ISO 80000 - 1에 따라 서술되어야 한다. 이는 계산된 양이 다른 양에 의해서만 정의될 수 있다는 것을 의미한다. 양의 정의에는 단위를 사용하지 않는다. 수량명은 어떤 단위도 반영하지 않는다. 그래서 전압(voltage)과 같은 수량명은 피하고, 대신에 electric tension을 사용할 수 있다.

[보기 2]
다음 범주의 장치에는 스위치가 필요하지 않다.
- 정상 작동조건에서 전력소비량이 10 W를 넘지 않는 장치,
- 어떠한 누전조건에서도 적용 2분 후 측정된 전력소비량이 50 W이하인 장치,
- 계속적으로 작동되어야 하는 장치.

[보기 3]
장치에 있어서 진동이 발생할 수 있는 경우는 다음과 같다.
- 회전부품의 불균형
- 구조물의 미세한 변형
- 회전 베어링
- 공기 역학적 하중

⑥ 부속서

부속서는 본문 내에서 인용된 순서에 따라 배열되어야 한다.

⑦ 참고문헌

만약 참고문헌이 존재한다면 마지막 부속서 뒤에 배치하여야 한다.

⑧ 색인

색인이 존재한다면 마지막 요소로서 배치되어야 한다.

CHAPTER 2

표준의 작성

이 장에서는 KS A 0001(표준의 서식과 작성방법)과 2011년 제6판으로 발행된 ISO/IEC Directive Part 2(Rules for the structure and drafting of International Standards)에 따른 제품표준, 방법표준, 전달표준의 구성 요소별 작성방법을 소개한다.

2.1 제품표준 작성방법

구분	제품표준 요소 배열 순서	요소의 허용 내용
예비 참고요소	표지(Title page)	명칭
	목차(Table of contents)	생성된 내용
	머리말(Foreword)	본문, 비고, 각주
	개요(Introduction)	본문, 그림, 표, 비고, 각주
일반 규정요소	적용범위(Scope)	본문, 그림, 표, 비고, 각주
	인용표준(Normative references)	참조, 각주
기술적 규정요소	용어와 정의(Terms and definitions)	본문, 그림, 표, 비고, 각주
	기호와 약어(Symbols and abbreviated terms)	본문, 그림, 표, 비고, 각주
	요구사항(Requirements)	본문, 그림, 표, 비고, 각주
	샘플링(Sampling)	본문, 그림, 표, 비고, 각주
	시험방법(Test method)	본문, 그림, 표, 비고, 각주
	분류, 호칭 및 부호화(Classification, designation and coding)	본문, 그림, 표, 비고, 각주
	표기, 라벨링 및 포장(Marking, labeling and packaging)	본문, 그림, 표, 비고, 각주
	규정 부속서(Normative annex)	본문, 그림, 표, 비고, 각주
보충 참고요소	참고 부속서(Informative annex)	본문, 그림, 표, 비고, 각주
	참고 문헌(Bibliography)	참조, 각주
	색인(Indexes)	생성된 내용

제품표준을 작성할 때 요소 배열순서 관련 유의해야 할 사항은 다음과 같다.

- 기호와 약어의 요소는 용어와 정의의 요소에 포함하여 작성할 수 있다.
- 샘플링 요소는 시험방법 요소에 포함하여 작성할 수 있다.
- 분류, 호칭 및 부호화의 요소는 요구사항의 요소에 포함하여 작성할 수 있다.

2.1.1 표지

작성 가이드

표지는 해당 표준의 명칭을 포함해야 한다. 명칭의 표현은 매우 세심한 주의를 가지고 제정되어야 한다. 이는 명칭의 표현을 가능한 한 정확하게 즉, 모호하지 않게 표현해야 함과 동시에 불필요한 세부사항까지 고려할 필요 없이 해당 표준의 주제가 다른 표준과 구별되게 하여야 한다는 것을 의미한다. 필수적으로 추가해야 할 특정사항은 적용범위에서 다뤄야 한다.

명칭은 각각 가능한 한 간결하면서 특징적 요소로 구성되고 일반사항에서부터 특정사항까지 포괄하여야 한다. 일반적으로 다음 세 요소 외에는 사용되어서는 안 된다.

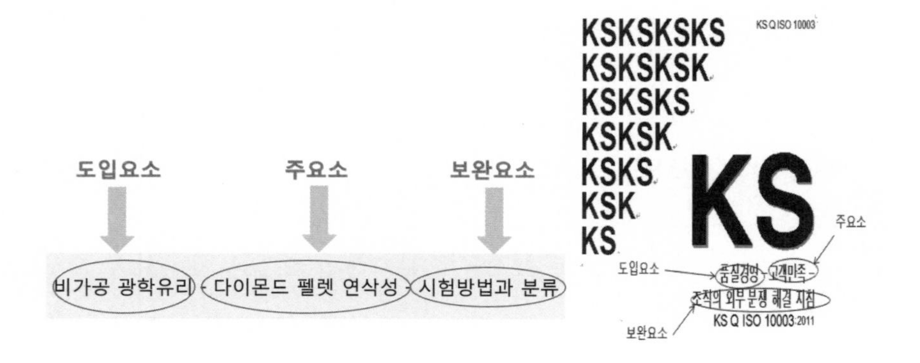

- **도입요소(선택)**는 해당 표준이 속하고 있는 일반 분야를 지시한다(이것은 주로 표준을 작성한 위원회 명칭에 기초한다).
- **주요소(필수)**는 위의 일반 분야 내에서 다루어지는 주요 주제를 지시한다.
- **보완요소(선택)**는 주된 주제의 특정 측면을 지시하거나 다른 표준과

해당 표준을 구분, 또는 동일 표준의 다른 부를 구분하기 위한 세부사항을 제공한다.

명칭의 작성과 관련된 세부적인 규정은 다음과 같다.

명칭의 구성요소

1) 도입요소

도입요소 없이 주 요소에서 표시된 주제가 충분히 정의될 수 없다면 도입요소가 필요하다.

보기 1

올바름 : 비가공 광학유리 – 다이몬드 펠렛 연삭성 – 시험방법과 분류

올바르지 않음 : 다이몬드 펠렛 연삭성 – 시험방법과 분류

명칭의 주 요소(보완요소가 있는 경우에는 보완요소를 포함)가 표준 내에서 다루어지는 주제와 명백히 연관되면 도입요소는 생략되어야 한다.

보기 2

올바름 : 산업용 과붕산 나트륨 – 체적밀도의 결정

올바르지 않음 : 화학 – 산업용 과붕산나트륨 – 체적밀도의 결정

2) 주 요소

주 요소는 항상 포함되어야 한다.

3) 보완요소

만일 해당 표준이 주성분에서 표시된 주제의 하나 또는 몇몇 측면만을 다룬다면 보완요소가 필요하다.

어떤 표준이 일련의 부로 나뉘어서 출판되는 경우, 보완요소는 각 부를 구분하고 식별하는 역할을 한다[도입요소(존재할 경우) 및 주 요소는 각 부에서 동일하게 유지된다].

보기 1

KS C IEC 60747-1, 저전압 개폐장치 및 제어장치
  -제1부: 일반규정

KS C IEC 60747-2, 저전압 개폐장치 및 제어장치
  -제2부: 차단기

만일 해당 표준이 주 요소에서 표시된 주제의 전부가 아닌 여러 가지 측면을 다루고 있다면 취급된 측면은 하나하나 열거하기보다는 "시방서" 또는 "기계적 요구사항 및 시험방법" 등의 일반용어로 언급되어야 한다.

만일 다음의 두 가지 사항이 다 만족된다면 보완요소는 생략되어야 한다.

- 주요소에서 지시된 주제의 모든 기본적인 측면을 다루고 있으며, 그리고
- 해당표준이 이 주제에 관계된 유일한 표준일 때

보기 2

올바름 : 커피 분쇄기

올바르지 않음 : 커피 분쇄기-용어, 기호, 재료, 치수, 기계적 특성, 평가된 값, 시험방법

적용범위에 대한 의도하지 않은 제한의 회피

명칭에는 해당 표준의 적용범위를 고의가 아닌 한정으로 함축하는 세부사항이 포함되어서는 안 된다. 다만, 만일 해당 표준이 특정한 형식의 제품에 적합하지 않다면 그 명칭에 그 사실이 표현되어야 한다.

보기 항공－자동잠금식, 고정, single－lug 앵커 너트,
등급 100 MPa / 235℃

표준의 명칭에서 동일한 개념을 표시하기 위해 사용되는 용어에서는 일관성이 유지되어야 한다.

전문용어에 대해 다루는 표준에서는 가능한 한 다음 표현 중의 하나를 사용하여야 한다. 용어의 정의가 포함되었다면 "어휘"로, 서로 다른 언어에서의 동등한 용어만 제시되었다면 "동등한 용어 목록"으로 표현한다.

시험방법을 다루는 문서(영문의 경우)에서는 "시험방법(Test method)" 또는 "…의 결정(Determination of…)"의 표현 중의 하나를 사용하여야 한다. "시험방법(method of testing)", "…의 측정방법(Method for the determination of …)", "…의 측정을 위한 시험법(Test code for the measurement of …)", "…에 관한 시험(Test on …)" 등의 표현은 피하여야 한다.

명칭에는 국제표준, 기술시방서, 기술보고서 또는 가이드와 같은 표준의 종류 또는 성격을 서술하기 위한 표현은 필요하지 않다. 따라서, "…에 대한 국제 시험방법", "…에 관한 기술보고서" 등의 표현을 사용하여서는 안 된다.

다음은 KS표준의 표지 탬플릿이다.

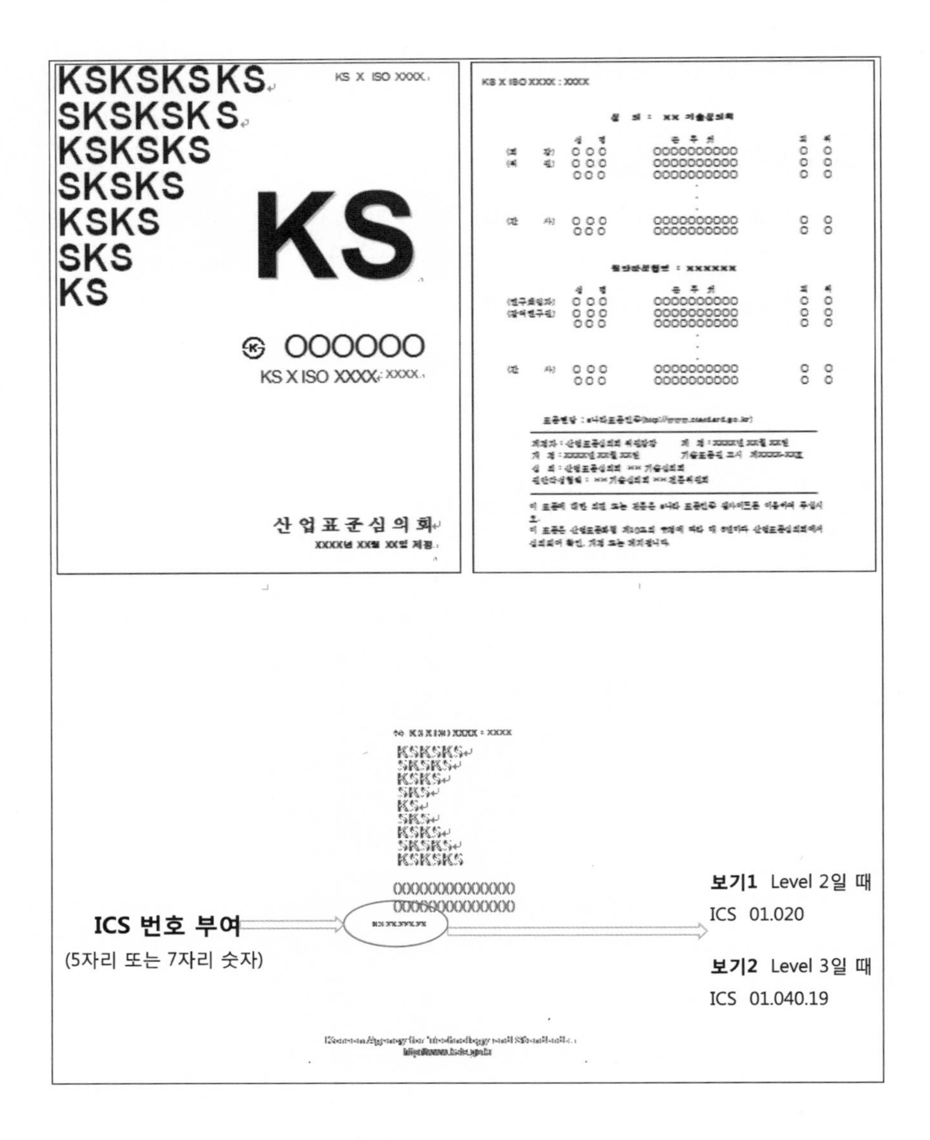

뒤 표지의 ICS코드 부여방법은 다음과 같다.

KS 분류체계와 국제표준 분류체계가 다르므로, KS를 제정할 때에는 뒷표지 바깥면에 국제표준 분류(ICS : International Classification for Standards) 코드 번호를 부여하여야 한다.

ICS 코드 번호는 INTERNATIONAL CLASSIFICATION FOR STANDARDS, 2005(ISO 홈페이지 www.iso.org 에서 다운로드 가능)를 참조하여 다음과 같이 부여한다.

→ Level 1, 40 fields에서 해당 표준 분야의 fields 두 자리 숫자를 찾는다.
→ Level 2, 392 groups에서 해당 표준 분야의 groups 세 자리 숫자를 찾는다.
→ Level 3, 909 sub-groups에서 해당 표준 분야의 sub-groups 두 자리 숫자를 찾는다.

보 기

- Level 1 : 레벨 1은 보기와 같이 두 자리 숫자, 40 fields로 구성되어 있다.

보기 01 Generalities. Terminology. Standardization. Documentation
숫자 필드

- Level 2 : 레벨 2는 보기와 같이 세 자리 숫자, 392 groups으로 구성되어 있다.

보기 01.020 Terminology (principles and coordination)
숫자 그룹

- Level 3 : 레벨 3은 보기와 같이 두 자리 숫자, 909 sub-groups으로 구성되어 있다.

보기 01.040.19 Testing (Vocabularies)
숫자 서브 그룹

작성 포인트

KS의 경우 KSDT(표준작성 프로그램)을 활용한다.

ISO의 경우 http://www.iso.org/iso/how-to-write-standards.pdf 서식을 활용한다.

* KSDT(표준작성 프로그램)은 국가기술원 홈페이지 자료실에서 내려받을 수 있다.

작성 사례

다음은 단체에서 제정한 제품표준의 표지 사례이다.

<앞면>

SPSPSPSP
SPSPSPS
SPSPSP
SPSPS
SPSP
SPS

SPS KMSIC XXXX

SPS

컨테이너형 하우스

SPS KMSIC XXXX : 2017

한국이동식구조물산업협동조합

2017년 월 일 제정

http://www.komic.or.kr

<이면>

심의 : 단체표준심사위원회

	성 명	근 무 처	직위
위 원 장	이 광 호	한국욕실산업협동조합	전무이사
위 원	강 신 대	지에스씨앤티	대표
	신 애 섭	오성씨앤씨	대표
	최 승 석	현대모바일	대표
	윤 준 상	신준텍스	대표
	이 정 훈	한국산업기술시험원	수석연구원
	김 인 규	한국건설생활환경시험연구원	책임연구원
	전 재 희	한국기계전기전자시험연구원	인증심사위원
간 사	서 승 민	승민테크빌	상무이사

원안작성협력 : 컨테이너형 하우스 표준연구회

	성 명	근 무 처	직위
연구책임자	류 길 홍	그레파트너스(주)	전문위원
참여연구원	윤 준 영	케이와이케이(주)	전문위원
	김 효 정	케이와이케이(주)	실장

단체표준열람 : 한국표준정보망(http://sps.kssn.net)

제 정 자 : 한국이동식구조물산업협동조합 제 정 : 2017년 x월 x일
심 의 : 단체표준심사위원회
원안작성 : 단체표준기술전문위원회

이 표준에 대한 의견 또는 질문은 한국이동식구조물산업협동조합(033－743－3366)으로 연락하십시오.

<뒷면>

한국이동식구조물산업협동조합 단체표준

컨테이너형 하우스
Container type House
KMSIC XXXX

제정자 : 한국이동식구조물산업협동조합 제 정 : 2017년 x월 x일

심 의 : 단체표준심사위원회

한국이동식구조물산업협동조합
강원 원주시 소초면 치악로 3308
홈페이지 : http://www.komic.or.kr
전화번호 : 033-743-3366

SPS KMSIC XXXX

KMSICKMSIC
KMSICKMSI
KMSICKMS
KMSICKM
KMSICK
KMSIC
KMSICK
KMSICKM
KMSICKMSIC

Container type House

2.1.2 목차

작성 가이드

목차는 조건요소이나, 이것이 표준의 논의를 용이하게 만드는 경우에는 필요하다. 목차에는 "목차"라고 제목을 붙여 각 절을 기재하여야 하고, 해당하는 경우 필요한 항과 그 제목, 부속서와 괄호로 묶은 부속서의 지위, 참고문헌, 색인, 그림과 표를 기재한다.

그 순서는 다음과 같아야 한다. 절 및 항과 이의 제목, 부속서(필요하다면 절 및 항, 그들의 제목을 포함한다), 참고문헌, 색인, 그림, 표. 기재된 모든 사항은 전체 제목과 함께 인용되어야 한다. 목차는 자동적으로 생성시켜야 하고, 수동으로 작성하여서는 안 된다.

작성 포인트

"용어와 정의"절의 항은 목차에 기술하지 않는다.

작성 사례

다음의 보기는 올바르지 않게 작성된 목차를 올바르게 수정한 사례이다.

[보기]

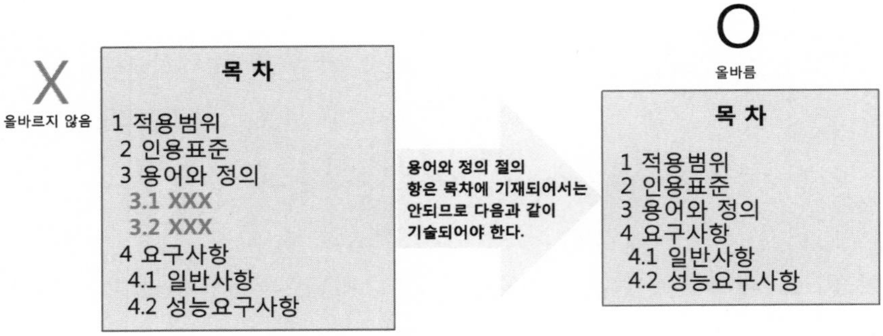
X
올바르지 않음
목 차
1 적용범위
2 인용표준
3 용어와 정의
3.1 XXX
3.2 XXX
4 요구사항
4.1 일반사항
4.2 성능요구사항
용어와 정의 절의
항은 목차에 기재되어서는
안되므로 다음과 같이
기술되어야 한다.
O
올바름
목 차
1 적용범위
2 인용표준
3 용어와 정의
4 요구사항
4.1 일반사항
4.2 성능요구사항

다음의 보기는 단체에서 제정한 제품표준의 목차 사례이다.

목 차

머리말 ii

개요 iii

1 적용범위 1

2 인용표준 1

3 용어와 정의 2

4 종류 2

5 재료의 품질 요구사항 2

6 제품의 품질 요구사항 3

7 시험 6

8 검사 7

9 표시 8

해설서 9

2.1.3 머리말

작성 가이드

머리말은 각 표준마다 나타내어야 한다. 머리말에는 요구사항, 권고사항, 그림 또는 표를 포함시키지 않아야 한다. 머리말은 일반부와 특별부로 구성된다.

일반부는 책임기관과 일반적인 표준 관련 정보를 제공한다. 즉,

a) 해당 표준의 KS안을 작성한 위원회의 호칭 및 명칭

b) 표준의 승인과 연관된 정보

c) 원안작성 협력기관과 관련된 정보

특별부는 해당 표준의 이전 판으로부터의 중요한 기술적 변동사항에 관한 서술을 제공하여야 하며, 가능한 한 다음 사항을 충족시킨다.

a) 표준의 작성에 기여한 원안작성 협력기관에 대한 표시

b) 해당 표준이 다른 표준을 전체적 또는 부분적으로 폐지 및 대체한 것과 관련된 진술

c) 해당 표준과 다른 표준의 관계

다음의 **보기** 1에서 **보기** 7은 KS A 0001 부속서 L(참고) 머리말, 개요 등의 작성방법에서 제시하는 머리말 작성 보기이다. 그리고 **보기** 1에 나타내는 저작권에 관련된 부분 및 특허권 등에 관련된 부분과 부편성에 관련된 부분은 **보기** 1 이외라도 해당하는 경우에는 기재한다.

[보기 1] 제정의 경우

머리말 "이 표준은 산업표준화법 관련 규정에 따라 산업표준심의회의 심의를 거쳐 제정한 한국산업표준이다." "이 표준은 저작권법에서 보호 대상이 되고 있는 저작물이다." "이 표준의 일부가 기술적 성질을 가진 특허권, 출원공개 후의 특허출원, 실용신안권 또는 출원공개 후의 실용신안등록 출원에 저촉될 가능성이 있다는 것에 주의를 환기한다. 관계 중앙행정기관의 장과 산업표준심의회는 이러한 기술적 성질을 가진 특허권, 출원공개 후의 특허출원, 실용신안권 또는 출원공개 후의 실용신안등록출원에 관계되는 확인에 대하여 책임을 지지 않는다."

※ **보기 1에 나타내는** 저작권에 관련된 부분 및 특허권 등에 관련된 부분과 부 편성에 관련된 부분은 보기 1 이외라도 해당하는 경우에는 기재한다.

[보기 2] 개정의 경우

머리말 "이 표준은 산업표준화법 관련 규정에 따라 산업표준심의회의 심의를 거쳐 개정한 한국산업표준이다. 이에 따라 KS B ×××× : 20××은 개정되어 이 표준으로 바뀌었다."

[보기 3] 복수의 표준이 하나의 표준으로 통합되는 경우

머리말

"이 표준은 산업표준화법 관련 규정에 따라 산업표준심의회의 심의를 거쳐 국가기술표준원장 (또는 관계 중앙행정기관의 장)이 제정한 한국산업표준이다. 이에 따라 KS C ××××：20××, KS C ××××：20×× 및 KS C××××：20××은 폐지되고 이 표준으로 바뀌었다."

[보기 4] 복수의 표준 중 하나가 개정되고 나머지가 폐지되는 경우

머리말

"이 표준은 산업표준화법 관련 규정에 따라 산업표준심의회의 심의를 거쳐 개정한 한국산업표준이다. 이에 따라 KS D ××××：20××는 개정되어 이 표준으로 바뀌고, 또한 KS D××××：20×× 및 KS D××××：20××는 폐지되어 이 표준으로 바뀌었다."

[보기 5] 하나의 표준을 복수의 표준으로 분할하고, 원래 표준의 일부가 분할하여 제정되는 표준 중 하나로 바뀌는 경우

머리말

"이 표준은 산업표준화법 관련 규정에 따라 산업표준심의회의 심의를 거쳐 제정한 한국산업표준이다. 이에 따라 KS E××××：20××는 폐지되고 그 일부를 분할하여 제정한 이 표준으로 바뀌었다."

[보기 6] 단체에서 작성한 한국산업표준의 제정/개정인 경우

머리말 “이 표준은 산업표준화법 제6조 제1항의 규정에 따라 [신청한 단체의 장]이/가 신청한 표준안에 대하여 산업표준심의회의 심의를 거쳐 제정/개정한 한국산업표준이다.”

[보기 7] 단체표준을 기초로 작성한 한국산업표준의 제정/개정인 경우

머리말 “이 표준은 산업표준화법 제6조 제1항에 따라 따라 [신청한 단체의 장]이/가 신청한 단체표준(단체표준 번호, 발행연도 및 명칭)을 기초로 작성한 표준안/개정안에 대하여 산업표준심의회의 심의를 거쳐 제정/개정한 한국산업표준이다.”

작성 포인트

모든 표준에 머리말을 기술한다. 머리말에는 요구사항, 권고사항, 그림 또는 표를 포함시키지 않는다. 저작권에 관련된 부분 및 특허권 등에 관련된 사항도 기술한다.

다음의 보기는 올바르지 않게 작성된 머리말을 올바르게 수정한 사례이다.

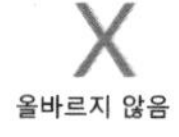
올바르지 않음

머리말

이 표준은 20××년 제×판으로 발행된 ISO ××××를 기초로 기술적 내용을 변경하지 않고 작성한 한국산업표준이다.

이 표준은 xxx 시험방법에 적용하여야 한다.

머리말에 저작권에 관련된 부분 및 특허권 등의 사항을 기술하여야 하므로 다음과 같이 기술되어야 한다.

올바름

머리말

"이 표준은 산업표준화법 관련 규정에 따라 산업표준심의회의 심의를 거쳐 제정한 한국산업표준이다."

"이 표준은 저작권법에서 보호 대상이 되고 있는 저작물이다."

"이 표준의 일부가 기술적 성질을 가진 특허권, 출원공개 후의 특허출원, 실용신안권 또는 출원공개 후의 실용신안등록출원에 저촉될 가능성이 있다는 것에 주의를 환기한다. 관계 중앙행정기관의 장과 산업표준심의회는 이러한 기술적 성질을 가진 특허권, 출원공개 후의 특허출원, 실용신안권 또는 출원공개 후의 실용신안등록출원에 관계되는 확인에 대하여 책임을 지지 않는다."

다음의 보기는 단체에서 제정한 제품표준의 머리말 사례이다.

> 머리말
>
> 이 표준은 산업표준화법을 근거로 해서 단체표준심사위원회의 심의를 거쳐 제정한 한국이동식구조물산업협동조합 단체표준이다.
>
> 이 표준은 저작권법에서 보호대상이 되고 있는 저작물이다.
>
> 이 표준의 일부가 기술적 성질을 가진 특허권, 출원공개 후의 특허출원, 실용신안권 또는 출원공개 후의 실용신안등록출원에 저촉될 가능성이 있다는 것에 주의를 환기한다. 한국이동식구조물산업협동조합 및 단체표준심사위원회는 이러한 기술적 성질을 가진 특허권, 출원공개 후의 특허출원, 실용신안권 또는 출원공개 후의 실용신안등록출원에 관계되는 확인에 대하여 책임을 지지 않는다.

2.1.4 개요

작성 가이드

개요는 조건요소로 필요 시 해당 표준의 기술적 내용과 표준작성 개시사유에 관한 특별한 정보 및 논평을 제공하는 데 사용된다. 개요에는 요구사항이 포함되어서는 안 된다.

개요에는 번호가 부여된 세부구분을 생성할 필요가 있는 경우를 제외하고는 번호가 부여되어서는 안 된다. 번호가 부여되는 경우에는 0으로 표시하며 그의 항은 0.1, 0.2 등으로 번호가 부여되어야 한다. 번호가 부여된 그림, 표, 표시된 공식 또는 각주라 하여도 일반적으로 1부터 시작되는 아라비아 숫자로 번호가 부여되어야 한다.

표준 내에 특허권을 명시한 부분에 해당 정보를 개요에 포함하여야 한다.

다음의 보기 1에서 보기 7은 KS A 0001 부속서 L(참고) 머리말, 개요 등의 작성방법에서 제시하는 개요 작성 보기이다. 특허권 등의 대상이 되는 기술을 포함한다고 판단되는 KS를 제정하고자 할 때는 개요에 보기 1과 같이 기재하는 것이 좋다.

[보기 1] 국제일치표준의 경우(대응국제표준에는 없는 참고사항을 추가한 경우)

개 요

"이 표준은 20××년 제×판으로 발행된 ISO ××××를 기초로 기술적 내용 및 대응국제표준의 구성을 변경하지 않고 작성한 한국산업표준이다. 그리고 이 표준에서 옆줄 및 밑줄을 그은 참고사항은 대응국제표준에는 없는 사항이다."

이 표준에 따르는 것은 다음에 표시하는 특허권 사용에 해당될 우려가 있다.
- 발명(고안)의 명칭
- 설정의 등록 연월일 및 특허(등록) 번호
- 출원 번호

이 기재는 상기에 표시하는 특허권의 효력, 범위 등에 관하여 아무런 영향도 주지 않는다.
상기 특허권의 권리자는 산업표준심의회에 대하여 비차별적이고 합리적인 조건으로 누구에게나 해당 특허권의 실시를 허락할 의사가 있음을 보증한다.
이 표준의 일부가 상기에 표시하는 이외의 기술적 성질을 가진 특허권, 출원공개 후의 특허출원, 실용신안권 또는 출원공개 후의 실용신안 등록출원에 저촉될 가능성이 있다. 기술표준원장 및 산업표준심의회는 이와 같은 기술적 성질을 가진 특허권, 출 원공개 후의 특허출원, 실용실안권 또는 출원공개 후의 실용실안등록출원에 관계되는 확인에 대하여 책임지지 않는다.

[보기 2] 국제일치표준의 경우(완전히 일치하고 있는 경우)

개 요

"이 표준은 20××년 제×판으로 발행된 ISO ××××를 기초로 기술적 내용 및 대응국제표준의 구성을 변경하지 않고 작성한 한국산업표준이다."

[보기 3] 추록을 포함시킨 국제일치표준의 경우

> 개 요
>
> "이 표준은 20×× 년 제×판으로 발행된 IEC ××××, Amendment 1(20××) 및 Amendment 2(20××)를 기초로 기술적 내용을 변경하지 않고 작성한 한국산업표준이다."

[보기 4] 국제표준을 기초로 한 표준에서 기술적 내용의 변경이 없는 경우(서식 등의 경미한 변경은 있음.)

> 개 요
>
> "이 표준은 20××년 제×판으로 발행된 ISO ××××를 기초로 기술적 내용을 변경하지 않고 작성한 한국산업표준이다.
> 그리고 이 표준의 부속서 ○는 대응국제표준에는 없는 사항이다."

[보기 5] 국제표준을 기초로 하고 있지만 규정을 추가 또는 삭제하였거나 혹은 변경한 경우

> 개 요
>
> "이 표준은 20×× 년 제×판으로 발행된 ISO ××××를 기초로 작성한 한국산업표준이지만, [… …때문에(변경이유)], 기술적 내용을 변경하여 작성한 한국산업표준이다. 그리고 이 표준에서 밑줄을 그은 곳은 대응국제표준을 변경하고 있는 사항이다. 변경의 일람표에 그 설명을 붙이고 부속서 ○에 나타낸다."

[보기 6] 대응국제표준에 대응하는 부분은 기술적 내용을 변경하고 있지 않지만, 대응국제표준에 없는 규정항목을 추가한 경우

개 요

“이 표준은 19××년 제×판으로 발행된 ISO ××××를 기초로 대응하는 부분(모양 및 치수)에 대해서는 대응국제표준을 번역하여 기술적 내용을 변경하지 않고 작성한 한국산업표준이지만 대응국제표준에는 규정되어 있지 않은 규정항목(측정방법 및 표시)을 한국산업표준으로서 추가하고 있다.”

[보기 7] 대응국제표준이 없는 한국산업표준의 개정인 경우

개 요

“이 표준은 20×× 년에 제정되어 그 후 ×회의 개정을 거쳐 오늘에 이르렀다. 전회 개정은 20××년에 실시되었지만 그후의 ……에 대응하기 위하여 개정하였다. 그리고 대응국제표준은 현시점에서 제정되어 있지 않다.”

작성 포인트

보기 1에서 보기 7에 제시된 어법과 표준의 제정 목적, 표준의 사용자, 표준의 구성개요를 포함하여 기술한다.

작성 사례

다음의 보기는 올바르지 않게 작성된 개요를 올바르게 수정한 사례이다.

X
올바르지 않음

개 요

이 표준은 20××년 제×판으로 발행된 ISO ××××를 기초로 기술적 내용을 변경하지 않고 작성한 한국산업표준이다. 그리고 이 표준의 부속서 ○는 대응국제표준에는 없는 사항이다.

개요에는 KS A 0001에 규정된 어법, 제정 목적, 표준 사용자, 표준 구성 내용 등이 포함되어야 하므로 다음과 같이 기술되어야 한다.

올바름

개 요

이 표준은 20××년 제×판으로 발행된 ISO ××××를 기초로 기술적 내용을 변경하지 않고 작성한 한국산업표준이다. 그리고 이 표준의 **부속서** ○는 대응국제표준에는 없는 사항이다.

이 표준은 친환경적 광해복원을 위한 광해방지사업자 및 광해방지 관련 관계자에게 도움을 주기 위하여 제정하였으며, 광산 주변 또는 갱구로부터 유출되는 갱내수, 침출수 등 광산배수 처리에 대한 일반적인 지침을 제공한다.

이 표준은 인증이나 계약목적으로 사용하도록 의도되지 않았으며, 적용되는 법규 및 규제 요구사항에서 제공한 어떠한 권한 또는 의무도 변경할 의도가 없다.

다음의 보기는 단체에서 제정한 제품표준의 개요 사례이다.

개 요

이 표준은 한국이동식구조물산업협동조합이 작성한 컨테이너형 하우스 제품 단체표준이다.

이 표준의 제정 취지는 시장의 수요와 요구를 충족시키고 화재로부터의 안전성과 단열, 부식 등에 강한 컨테이너형 하우스를 표준화함으로써 제품의 신뢰성과 품질수준을 제고하기 위해 제정하였다. 이 표준의 주요 규정내용은 다음과 같다.

- 컨테이너형 하우스에 사용되는 재료의 품질수준
- 컨테이너형 하우스의 두께, 단열재, 창호 등 단열성 확보를 위한 제품의 품질특성
- 제품의 시료 채취방법, 시험방법, 검사, 표시 등

이 표준은 적용되는 법규 및 규제 요구사항에서 제공한 어떠한 권한 또는 의무도 변경할 의도가 없다.

2.1.5 표준서의 최초쪽

KS/단체표준 등 표준서의 제1쪽은 다음과 같이 작성한다.

한국산업표준

한국산업표준 번호 : KS발행연도
(MOD 국제표준 : 국제표준 발행연도)
(0000 확인)

표 준 의 명 칭
표준의 영어 명칭

국제표준을 부합화한 KS 등 표준서의 제1쪽은 다음과 같이 작성한다.

한국산업표준

KS X 국제표준번호 : 국제표준 발행연도

표 준 의 명 칭
표준의 영어 명칭

표준서의 제2쪽 이후의 체제는 다음과 같다.

한국산업표준 번호 : 연도

비고 1 발효연도는 제정연도(개정된 경우에는 최종 개정연도)를 기재한다. 다만 동일연도 내에 개정했을 때에는 개정연도 뒤에 “R”를 기재한다. 또한 이미 제정 또는 개정된 것을 확인했을 때에는 그 아래에 마지막 확인연도와 “확인”문자를 괄호에 넣어서 “(○○○○확인)”으로 기재한다. 다만 KS를 국제표준과 일치(IDT)시켜 제정 또는 개정하는 경우에는 KS 발행연도대신 국제표준 발행연도를 사용한다.

비고 2 KS인증대상품목에 관한 KS에 대해서는 ㉿마크를 표준 명칭의 왼쪽에 기재한다.

비고 3 국제표준과의 부합화 정도 등을 쉽게 구분하기 위하여, 다음과 같은 방법으로 KS번호를 부여한다.

a) KS를 국제표준과 일치(IDT)시켜 제정 또는 개정하는 경우에는 KS 및 분류기호와 국제표준의 종류, 번호 및 연도를 함께 표기한다.

보기 ISO 9001:2015를 KS로 채택하여 2016년에 KS로 채택한 경우,
KS Q ISO 9001:2015로 표기(국제표준 발행연도를 그대로 표기)

b) 기존의 KS를 국제표준과 수정(MOD) 부합화하여 개정하는 경우에는 기존의 KS번호를 그대로 사용하고 표준번호 밑부분에 국제표준번호를 표기한다.

보기 KS C 6506을 IEC 60758:2001과 수정 부합화하여 2015년에 개정하는 경우에는 KS C 6506:2015 (MOD IEC 60758:2001)로 표기

c) 국제표준이 없는 품목을 KS로 신규 제정하는 경우와 기존 KS를 개정하는 경우는 현행 KS번호부여 방식을 따른다.

보기 KS B 8027로 표기

d) 잠정표준의 경우에는 지침에 따른다.

보기 IEC표준(IEC 60100)을 KS로 채택하기 전에 잠정표준을 제정하는 경우에는 PR-KS C 60100으로 표기

작성 사례

다음의 보기는 단체에서 제정한 제품표준의 최초쪽 작성 사례이다.

한국이동식구조물산업협동조합 단체표준

SPS KMSIC XXXX

컨테이너형 하우스

Container Type House

1 적용범위

이 표준은 열간압연 강대 또는 목재를 골조로 사용하고 열간압연 연강판 또는 목재의 벽판재 사이에 발포 폴리스티렌(PS) 단열재를 삽입하여 제작한 이동식 컨테이너형 하우스에 대하여 규정한다. 열간압연 연강판 및 목재의 벽판재를 혼합한 컨테이너형 하우스에도 적용이 가능하다.

2 인용표준

다음의 인용표준은 전체 또는 부분적으로 이 표준의 적용을 위해 필수적이다. 발행연도가 표기된 인용표준은 인용된 판만을 적용한다. 발행연도가 표기되지 않은 인용표준은 최신판(모든 추록을 포함)을 적용한다.

KS F 3129 목재 벽판재
KS F 3101 보통합판
KS F 3113 구조용합판

2.1.6 적용범위

작성 가이드

이 요소는 각 표준의 시작에서 제시되어야 하고, 표준화 주제와 취급된 측면을 명백하게 정의하여야 하며, 그것에 의해 해당 표준 또는 해당 표준 내 특정 부의 적용한계를 나타내어야 한다. 적용범위에 요구사항이 포함되어서는 안 된다.

여러 개의 부로 세분되는 표준에 있어서 각 부의 적용범위는 표준의 부만에 대한 주제가 정의되어야 한다. 적용범위는 참고문헌 목적을 위한 요약으로 사용될 수 있도록 간결하게 작성되어야 한다. 이 사항은 일련의 사실에 대한 서술로서 표현되어야 한다.

표현양식으로는 다음과 같은 형식이 사용되어야 한다.

"이 표준은 …의 치수에 대하여 규정한다."

"이 표준은 …의 방법에 대하여 규정한다."

"이 표준은 …의 특성에 대하여 규정한다."

"이 표준은 …의 위한 체계를 수립한다."

"이 표준은 …의 위한 일반원칙을 수립한다."

"이 표준은 …의 위한 지침을 제공한다."

"이 표준은 …의 위한 용어를 정의한다."

표준의 적용성에 관한 설명은 다음과 같은 어법으로 도입되어야 한다.

"이 표준은 …에 적용 가능하다."

작성 포인트

해당 표준의 적용한계를 간결하고 명확하게 기술한다. 적용범위의 문장말미 표현("규정한다")에 유의한다.

작성 사례

다음의 보기는 올바르지 않게 작성된 적용범위를 올바르게 수정한 사례이다.

1 적용범위

이 표준은 xxx 제품의 안전 및 성능 요구사항에 대하여 적용한다. 이 표준은 xxx 제품에도 적용될 수 있다.

적용범위는 표준의 적용한계를 기술하는 것으로, 적용범위 문장 말미의 어법은 "규정한다"로 해야 하므로 다음과 같이 기술되어야 한다.

1 적용범위

이 표준은 xxx 제품의 안전 및 성능 요구사항에 대하여 규정한다. 이 표준은 xxx 제품에도 적용될 수 있다.

다음의 보기는 단체에서 제정한 제품표준의 적용범위 사례이다.

1 적용범위

이 표준은 열간압연 강대 또는 목재를 골조로 사용하고 열간압연 연강판 또는 목재의 벽판재 사이에 발포 폴리스티렌(PS) 단열재를 삽입하여 제작한 이동식 컨테이너형 하우스에 대하여 규정한다.

열간압연 연강판 및 목재의 벽판재를 혼합한 컨테이너형 하우스에도 적용이 가능하다.

비 고 기존에 제작된 컨테이너를 재활용한 컨테이너형 하우스와 벽판재를 알루미늄, 스테인레스, 합성수지재 등을 사용하여 제작한 컨테이너형 하우스에는 적용하지 않는다.

2.1.7 인용표준

작성 가이드

이 조건요소는 어떤 표준에서 해당 표준의 적용을 필수적으로 만드는 방법으로 인용된 참조문서의 목록을 제시하여야 한다. 일자가 표기되는 인용표준은 발행연도를 제시하여야 하거나, 또는 조회서나 최종 KS안의 경우에는 "발행 예정"이라는 각주와 함께 줄표(–)를 하고 완전한 명칭을 제시하여야 한다. 발행연도 또는 대시는 일자가 표기되지 않는 인용표준에 대해서는 제시되어서는 안 된다. 일자가 표기되지 않는 인용표준이 그 표준의 모든 부에 걸쳐 있는 경우에 그 발행번호에는 "(모든 부)"라는 표시가 따라야 하고 일련의 부의 전반에 걸치는 제목을 따라야 한다.

원칙적으로, 참조문서는 KS나 ISO 또는 IEC에서 발행된 문서이어야 한다. 다른 기관에서 발행된 문서라면 다음과 같은 기준을 충족하여야 한다.

▶ 참조된 문서가 공적으로 유효할 뿐만 아니라, 권위를 지니고 널리 수용되고 있음을 해당 KS나 ISO 또는 IEC 위원회가 인정한다.
▶ 해당 ISO 및 IEC 위원회는 참조 문서의 저작자 또는 발행자의 요

구에 따라 문헌의 내용과 이용가능성에 대한 동의를 얻어야 한다.

▶ 저작자 또는 발행자는 해당 ISO 및 IEC 위원회에 참조 문서를 개정하는 의도와 개정될 주요 사항과 관련된 정보를 제공하는 데 동의해야 한다.

▶ 해당 ISO 및 IEC 위원회는 참조 문서의 변동 사항과 관련된 상황을 검토하는 일을 수행한다.

목록은 다음의 어법으로 도입되어야 한다.

"다음의 인용표준은 이 표준의 적용을 위해 필수적이다. 발행연도가 표기된 인용표준은 인용된 판만을 적용한다. 발행연도가 표기되지 않은 인용표준은 최신판(모든 추록을 포함)을 적용한다."

위에 언급된 어법은 또한 복수의 부를 가진 표준의 각 부에도 적용이 가능하다.

목록은 다음을 포함시켜서는 안 된다.

- 공적으로 유효하지 않은 참조문서
- 정보제공의 의미로만 인용되는 참조문서
- 해당문서의 준비과정에서 단지 도서목록이나 배경자료로 제공되는 참조문서

상기 참조문서는 참고문헌에 등재되어도 된다.

작성 포인트

인용표준 절 다음 줄에 다음의 어법을 기술한다.

"다음의 인용표준은 이 표준의 적용을 위해 필수적이다. 발행연도가 표기된 인용표준은 인용된 판만을 적용한다. 발행연도가 표기되지 않은 인용표준은 최신판(모든 추록을 포함)을 적용한다."

작성 사례

다음의 보기는 올바르지 않게 작성된 인용표준을 올바르게 수정한 사례이다.

올바르지 않음

2 인용표준

KS A 0001(표준의 서식 및 작성방법)

2 인용표준 다음 줄에 "다음의 인용표준은 이 표준의 적용을 위해 필수적이다. 발행연도가 표기된 인용표준은 인용된 판만을 적용한다. 발행연도가 표기되지 않은 인용표준은 최신판(모든 추록을 포함)을 적용한다."라는 어법이 도입되어야 하므로 다음과 같이 기술되어야 한다.

올바름

2 인용표준

다음의 인용표준은 이 표준의 적용을 위해 필수적이다. 발행연도가 표기된 인용표준은 인용된 판만을 적용한다. 발행연도가 표기되지 않은 인용표준은 최신판(모든 추록을 포함)을 적용한다.

KS A 0001(표준의 서식 및 작성방법)

다음의 보기는 단체에서 제정한 제품표준의 인용표준 사례이다.

2 인용표준

다음의 인용표준은 전체 또는 부분적으로 이 표준의 적용을 위해 필수적이다. 발행연도가 표기된 인용표준은 인용된 판만을 적용한다. 발행연도가 표기되지 않은 인용표준은 최신판(모든 추록을 포함)을 적용한다.

KS F 3129 목재 벽판재
KS F 3101 보통합판
KS F 3113 구조용합판
KS F 3109 문세트
KS F 3117 창세트
KS F 2237 창호의 개폐력 시험방법
KS F ISO 1182 건축 재료의 불연성 시험방법
KS F 2199 목재의 함수율 측정 방법
KS B 0801 금속재료 인장시험편
KS B 0802 금속재료 인장시험방법
KS B 0804 금속재료 굽힘 시험
KS D 0001 강재의 검사 통칙
KS D 3501 열간압연 연강판 및 강대
KS D 1802 철 및 강의 인 분석방법
KS D 1803 철 및 강의 황 분석방법
KS D 1804 철 및 강의 탄소 분석방법
KS D 1806 철 및 강의 망가니즈 분석방법
KS L 9016 보온재의 열전도율 측정 방법
KS M 3808 발포 폴리스티렌(PS) 단열재
KS M ISO 9772 발포 플라스틱 - 소형 화염에 의한 수평 연소성의 측정

2.1.8 용어와 정의

작성 가이드

용어와 정의는 표준 내에서 사용된 특정 용어를 이해하는 데 필요한 정의를 제공하는 조건요소이다. 다음의 도입 어법을 해당 표준의 모든 용어와 정의가 표현된 곳에 사용하여야 한다.

"이 표준의 목적을 위하여 다음의 용어와 정의를 적용한다."

용어가 하나 혹은 그 이상의 표준에도 적용되는 경우(보기를 들면, 일련의 연관된 표준의 제1부가 해당 표준의 일부분 혹은 모든 부에서 사용되는 용어와 정의를 규정하고 있을 경우), 다음의 도입 어법이 사용되어야 하고, 필요에 따라 변경이 가능하다.

"이 표준의 목적을 위하여 용어와 정의는 ...에서 주어지고 다음을 적용한다."

용어와 정의에 대한 KS안 작성과 표현을 위한 규정은 어휘, 학술용어, 또는 서로 다른 언어에서 동등한 용어의 목록 등과 같은 용어표준을 위한 특별한 지침과 함께 **KS A 0001 부속서 D**에 제시된다.

용어와 정의가 정의의 목록이며 일련의 항이 아니듯이, 도입부 본문은 미결문단이 아님을 주의한다.

용어와 정의는 개념의 계층에 따라 우선적으로 체계화한다.

인쇄출판물에서 일반글씨로 표현된 허용용어 또는 기호는 각각 새로운 줄에서 표준용어 뒤에 배치해야 한다(보기 1 참조).

일반글씨로 표현된 잘 쓰이지 않는 용어나 기호는 각각 새로운 줄에 배치하여야 하며, 적절한 내용으로 식별하여야 한다(보기 2 참조).

보기1

인쇄출판물에서 일반글씨로 표현된 허용용어 또는 기호는 각각 새로운 줄에서 표준용어 뒤에 배치해야 한다(보기1 참조).

3.1.3
특별언어
특별한 목적을 가진 언어
LSP
한 영역에서 사용(3.1.2)되고, 표현에 있어서 특정한 언어적 의미로 쓰여지는 언어

비고 표현의 특정한 언어적 의미는 항상 영역 또는 주제-특정 용어 및 다른 종류의 명칭과 마찬가지로 어법을 포함하며, 문체나 구문상의 특징을 다룰 수 있다.

보기2

일반글씨로 표현된 잘 쓰이지 않는 용어나 기호는 각각 새로운 줄에 배치하여야 하며, 적절한 내용으로 식별하여야 한다(보기2 참조).
보기 "기피용어", "쓰이지 않음"

3.1.9
상대밀도
비중(기피용어)
비중 고체 입자의 주어진 부피의 질량과 동일 부피 물의 질량에 대한 공기 중에서의 비율
[출처 : ISO 9045:1990, 3.1.9]

보기 "기피용어", "쓰이지 않음"

정의는 새로운 줄에 위치하여야 하며, 뒤에 마침표를 찍지 않는다.

만약 한 용어가 여러 개의 개념을 대표하여 사용된다면 해당 정의 앞에 각 개념이 속하는 주제분야를 화살괄호(즉, < >)로 표시하여야 한다(보기 참조).

보기

만약 한 용어가 여러 개의 개념을 대표하여 사용된다면 해당 정의 앞에 각 개념이 속하는 주제분야를 화살괄호(즉, <>)로 표시하여야 한다(보기 참조).

2.1.17
금형(die), 명사
<다이스> 가소성 물질이 사출되면서 통과하는 형상이 있는 구멍을 가진 금속블록

2.1.18
금형(die), 명사
<사출금형> 성형체가 그 형태를 취할 공동을 봉하는 부품의 조립체

2.1.19
금형(die), 명사
<천공기> 판형 또는 박막 재료에 구멍을 뚫을 때 사용하는 도구

작성 포인트

용어와 정의의 절 다음에 다음과 같은 어법을 기술한다.

“이 표준에서 사용하는 주된 용어와 정의는 다음과 같다.”

항번호, 용어, 정의를 줄을 바꾸어 계층적으로 작성한다.

보기

3.1

창문

창 세트의 가동 부분, 문짝, 미닫이 등의 총칭

작성 사례

다음의 보기는 올바르지 않게 작성된 용어와 정의를 올바르게 수정한 사례이다.

올바르지 않음

3 용어와 정의

3.1 국제적 표준

국제 표준화/표준 기관에 의해 채택되고, 일반에게 공개되는 표준

3 용어와 정의 절 다음 줄에 “이 표준의 목적을 위하여 다음의 용어와 정의를 적용한다.”는 어법이 도입되어야 하고, 이 어법 다음 줄에 항 번호(예, 3.1), 항 번호 다음 줄에 용어, 용어 다음 줄에 용어의 정의를 기술해야 하므로 다음과 같이 기술되어야 한다.

올바름

3 용어와 정의

이 표준의 목적을 위하여 다음의 용어와 정의를 적용한다.

3.1

국제적 표준(international standard)

국제 표준화/표준 기관에 의해 채택되고, 일반에게 공개되는 표준

[출처 : KS A ISO/IEC Guide 2, 정의 3.2.1.1]

다음의 보기는 단체에서 제정한 제품표준의 용어와 정의 사례이다.

> **3 용어와 정의**
>
> 이 표준의 목적을 위하여 다음의 용어와 정의를 적용한다.
>
> 3.1
> **컨테이너형 하우스**(container type house)
> 안전성과 내화성이 강화된 컨테이너 형태의 하우스
>
> 3.2
> **단열판**(insulation board)
> 컨테이너형 하우스의 외벽과 내벽 사이에 사용되는 발포 폴리스티렌(PS) 단열재

2.1.9 기호와 약어

작성 가이드

기호와 약어는 해당 표준을 이해하는 데 필요한 기호와 약어의 목록을 제공하는 조건요소이다.

기술적 기준을 반영하기 위해서 특별한 순서로 기호를 나열할 필요가 없다면, 모든 기호는 다음의 순으로 알파벳 순서에 따라 목록을 만드는 것이 좋다.

- 대문자 라틴문자 뒤에 소문자 라틴문자를 배치한다(*A*, *a*, *B*, *b* 등).
- 첨자 없는 문자는 첨자 있는 문자의 앞에 위치하며 문자로 된 첨자가 숫자로 된 첨자보다 선행한다(B, b, C, C_m, C_2, c, d, d_{ext}, d_{int}, d_1 등).
- 그리스 문자는 라틴문자 뒤에 위치한다(*Z*, *z*, *A*, , *B*, , …, Λ, λ 등).
- 기타 특수기호

편의상 이 요소는 보기를 들면 “용어, 정의, 기호, 단위 및 약어”와 같은 적절한 합성 제목하에서 용어와 그것의 정의, 기호, 약어, 그리고 형편에 따라서는 단위를 조합하기 위해 용어와 정의 요소와 함께 결합시켜도 된다.

작성 포인트

기호 앞에 일련번호를 부여하지 않는다.

작성 사례

다음의 보기는 기호와 약어 사례이다.

[보기]

4 기호와 약어

이 표준의 목적을 위하여 다음의 기호와 약어를 적용한다.

PASC(Pacific Area Standards Congress) 태평양지역표준회의
APEC/SCSC(Sub-Committee on Standards Conformance) 표준적합성 소위원회
ASTM(American Society for Testing and Materials) 미국재료시험학회
BIPM(Bureau Internationale des Poids et Measures) 국제도량형국
CEN(Comite Europeen de Normalisation) 유럽표준화위원회
CENELEC(Comite Europeen de Normalisation Electrotechnique) 유럽전기표준화위원회
ISO(International Organization for Standardization) 국제표준화기구
IEC(International Electrotechnical Commission) 국제전기기술위원회

2.1.10 요구사항

작성 가이드

이 요소는 조건사항이다. 만약 존재할 때는 다음을 포함하여야 한다.

a) 해당 표준에서 명시적 또는 참고적으로 적용되는 제품, 프로세스 또는 서비스 측면과 연관된 모든 특성
b) 정량화할 수 있는 특성에 대해 요구되는 한계치
c) 각 요구사항에서 각 특성에 대한 수치를 결정하거나 검증하기 위한 시험방법, 또는 시험방법 그 자체에 대한 언급

[참고]

※ 특성 : 구별되는 특징(KSQ ISO 9000 : 2015)

- 특성은 고유하거나 부여될 수도 있다.
- 특성은 정성적 또는 정량적일 수 있다.
- 특성에는 다음과 같은 여러 가지 분류가 있다.
  - 물리적(예: 기계적, 전기적, 화학적, 생물학적 특성)
  - 관능적(예: 후각, 촉각, 미각, 시각, 청각에 관련된 특성)
  - 행동적(예: 예의, 정직, 성실)
  - 시간적(예: 정시성, 신뢰성, 가용성, 연속성)
  - 인간공학적(예: 생리적 특성 또는 인명 안전에 관련된 특성)
  - 기능적(예: 항공기의 최고 속도)

요구사항, 설명, 권장사항 사이에 명백한 차이점이 있어야 한다.

계약 요구사항(청구, 보증, 비용의 취급 등)과 법률 또는 법적 요구사항이 포함되어서는 안 된다.

몇몇 제품표준에서는 제품에 설치자나 사용자를 위한 경고사항이나 지시사항을 첨부하고 그들의 특성을 명확하게 규정할 필요가 있다. 반면에, 설치 또는 사용과 관련된 요구사항은 제품 그 자체의 적용과 관련된 요구사항이 아니기 때문에 독립된 표준이나 독립된 부에 수록되어야 한다.

제조자는 그 표준 자체가 서술되지 않은 수치를 진술하도록 요구되는 특성에 관해 나열하는 표준에서는 이 수치가 어떻게 측정되고 진술되었는지 서술하여야 한다.

작성 포인트

표준 작성원칙의 성능 접근법을 적용하여 기술한다.

작성 사례

다음의 보기는 단체에서 제정한 제품표준 요구사항의 사례이다.

4 종류

컨테이너형 하우스의 종류는 표 1과 같다.

표 1 – 컨테이너형 하우스 종류

분류	명칭	설명
1종	주거용도 컨테이너형 하우스	주택, 생활관, 기숙사, 농막 등
2종	사무용도 컨테이너형 하우스	사무실, 회의실, 휴게실, 체육실 등
3종	다목적용 컨테이너형 하우스	창고, 개수대, 샤워장, 흡연실, 가판대 등

5 재료의 품질 요구사항

컨테이너형 하우스에 사용되는 주요 재료는 표 2를 충족하여야 한다.

표 2 – 주요 재료의 품질수준

구 분	품질 요구사항
위생기기	KS L 1551(위생도기)의 규정에 적합하여야 한다.
벽체합판, 바닥합판	KS F 3101(보통합판), KS F 3113(구조용 합판)에 적합하여야 한다.
목재 골조 및 벽판재	골조 및 벽판재로 사용하는 일반 목재는 KS F 3129(목재 벽판재)의 6.1(겉모양), 6.2.1(함수율)과 동등하거나 그 이상이어야 한다.
철재 골조 및 벽판재	KS D 3501(열간압연 연강판 및 강대)에 적합하여야 한다.
외부문	KS F 3109(문세트)에 적합하여야 한다.
창호	KS F 3117(창세트)에 적합하여야 한다.
내부 단열재	KS M 3808(발포 폴리스티렌(PS) 단열재)에 적합하여야 한다.
부속 재료	철물, 지붕 재료, 합성수지 등 부속품 및 내장재는 KS 또는 단체인증 표준제품이 있는 경우, 당해 KS 또는 단체인증표준제품에 적합하거나 또는 이와 동등 이상의 것이어야 한다.

6 제품의 품질 요구사항

6.1 구조 및 형태

컨테이너형 하우스의 구조 및 형태는 다음과 같아야 한다. 단 주문제품의 구조 및 형태는 당사자 간의 협의에 따른다.

a) 구조 및 형태는 불규칙성, 비틀림, 구부러짐, 휨, 변형, 누수 등의 결함이 없어야 한다.
b) 인양 또는 이동장비를 사용할 수 있는 장치가 있어야 하며 해당부위에는 식별표시를 하여야 한다. 단, 슬링벨트를 이용하는 경우에는 예외로 한다.
c) 외부문은 자동 닫힘 장치를 설치하여야 한다.
d) 주거용도 및 사무실용도는 실내에서 생성되는 냄새 및 악취 등의 제거를 위한 배기시설을 설치하여야 한다.
e) 전기시설은 전기안전기준 등 관련 법규에 적합하게 설치하여야 한다.
f) 창호는 단열성을 확보하기 위하여 이중창으로 설치되어야 하며 개폐가 원활해야 한다.
g) 외벽과 내벽 사이의 내부 단열재 두께는 6.2 표 3 – 치수 및 허용차의 두께에 상응해야 한다.
h) 철재 또는 목재의 골조 및 벽판재에는 부식 방지 및 방수를 위한 도색을 하여야 한다.
i) 내부에 설치되는 부품은 점검, 수리 및 교환이 가능한 구조로 되어야 한다.

6.2 치수 및 허용차

컨테이너형 하우스의 치수 및 허용차는 표 3을 충족하여야 한다. 단 주문품의 치수 및 허용차는 당사자 간의 협의에 따른다.

표 3 – 치수 및 허용차

(단위 : ㎜)

분류	명칭	폭 및 허용차	길이 및 허용차	높이 및 허용차	두께 및 허용차
1종	주거용도	3 000 ± 10	6 000 ± 10	2 500 ± 10	150 ± 3
2종	사무용도				
3종	다목적용도				

6.3 성능

컨테이너형 하우스의 성능은 다음과 같아야 한다.

6.3.1 외부문의 개폐 반복성

컨테이너형 하우스의 외부문은 개폐에 이상이 없고 사용상 지장이 없어야 한다.

6.3.2 내부 단열재

컨테이너형 하우스의 외벽과 내벽 사이에 삽입하는 내부 단열재는 표 4를 충족하여야 한다.

표 4 – 내부 단열재의 성능

품질특성	성능 요구사항
초기 열전도율	KS M 3808 발포 폴리스티렌(PS) 단열재 5.2.2 표 4 – 압출법 단열판의 특성의 단열판 3호 이상이어야 한다.
연소성	

6.3.3 철재 골조 및 벽판재

컨테이너형 하우스의 골조 및 벽판재의 재료로 철재를 사용하는 경우의 성능은 표 5를 충족하여야 한다.

표 5 – 철재 골조 및 벽판재의 성능

품질특성		성능 요구사항
기계적성질	인장강도(N/㎟)	KS D 3501 5(기계적 성질) 표 3 – 기계적 성질 종류의 기호 SPHC(일반용)에 충족하여야 한다.
	굽힘성	
화학성분 (%)	C	KS D 3501 4(화학성분) 표 2 – 화학성분 종류의 기호 SPHC(일반용)에 충족하여야 한다.
	Mn	
	P	
	S	

6.3.4 목재 골조 및 벽판재

컨테이너형 하우스의 골조 및 벽판재의 재료로 목재를 사용하는 경우의 성능은 표 6을 충족하여야 한다.

표 6 – 목재 벽판재의 성능

성능 항목	성능 요구사항
겉모양	KS F 3129(목재 벽판재)의 6.1(겉모양)을 충족하여야 한다.
함수율	KS F 3129(목재 벽판재)의 6.2.1(함수율)을 충족하여야 한다.

6.3.5 벽체합판

컨테이너형 하우스의 내벽에 사용되는 벽체합판의 성능은 표 7을 충족하여야 한다.

표 7 – 벽체합판의 성능

품질특성	성능 요구사항
접착성(N/㎟)	a) 접착성은 KS F 3101의 6(품질) 표 2 – 보통합판의 품질 기준 준내수를 충족하여야 한다. b) 함수율은 KS F 3101의 6(품질) 표 2 – 보통합판의 품질기준을 충족하여야 한다. c) 폼알데하이드 방출량은 KS F 3101의 6(품질) 표 2 – 보통합판의 품질기준 E_0를 충족하여야 한다.
함수율(%)	
폼알데하이드 방출량(mg/L)	

6.3.6 바닥합판

컨테이너형 하우스의 바닥재의 재료로 합판을 사용하는 경우의 성능은 표 8을 충족하여야 한다.

표 8 – 바닥합판의 성능

품질특성	성능 요구사항
휨강도(N/㎟)	KS F 3113의 5(품질) 표 2 – 구조용 합판의 품질기준 2등급 이상이어야 한다.
접착성(N/㎟)	KS F 3113의 5(품질) 표 2 – 구조용 합판의 품질기준을 충족하여야 한다.
함수율(%)	
폼알데하이드 방출량(mg/L)	KS F 3101의 5(품질) 폼알데하이드 방출량 기준을 충족하여야 한다.

2.1.11 시험방법

작성 가이드

이 조건요소는 특성치를 결정하거나 서술된 요구사항에 적합성을 점검하고 결과의 재현성을 확인하기 위한 절차와 연관된 모든 조항을 제공한다.

해당하는 경우 시험은 그들이 형식시험인지 혹은 프로세스 시험이나 샘플링 시험인지 적절하게 표시하도록 확인되어야 한다. 부가해서, 시험순서가 시험결과에 영향을 미칠 수 있다면 해당 표준에 시험의 순서가 명기되어야 한다.

시험방법은 다음의 순서로 세분되어도 된다(해당되는 경우).

- 원리
- 시약과 재료

- 시험기구
- 시험시료 및 시편의 준비와 보존
- 시험절차
- 계산
- 시험 보고서

a) **원리** : 시험방법의 필수적인 단계, 기본적인 원리 그리고 사용된 방법의 특성과 특정한 절차를 선택한 이유를 나타낸다.

b) **시약과 재료** : 이것은 표준 내에서 사용되는 시약 및/또는 재료의 목록을 제공하는 선택요소이다. 시험 중에 사용되는 모든 시약과 재료들을 나타낸다.

[보기] <u>시약 및 또는 재료의 기술방법</u>

3 시약

세척제, 보기를 들면 메탄올 또는 수용 세제 몇 방울이 첨가된 물을 사용한다.

시약 및/또는 재료 기재사항은 상호 참조의 목적을 위해 오직 하나만 존재할지라도 번호가 부여되어야 하므로 다음과 같이 기술되어야 한다.

3 시약

오직 승인된 분석등급의 시약과 증류수 또는 이와 동등한 순도를 가진 물만 사용한다.

3.1 세척제, 보기를 들면 메탄올 또는 수용 세제 몇 방울이 첨가된 물

시약과 재료 절의 내용은 일반적으로 하나 또는 그 이상의 시약과 재료의 세부적인 목록과 함께 선택적인 본문 도입부를 포함한다.

본문 도입부는 상호 참조되지 않은 일반적 조항을 규정할 때만 사용되어야 한다. 상호 참조하기 위해 필요한 모든 항목을 이 본문에 포함시켜서는 안되지만 그 아래에 설명된 별도 기재사항으로서 기입되어야 한다.

시약과 재료에 대해 세부적으로 설명하는 목록이 일련의 항이 아니라 목록이기 때문에, 일반적 조항을 설명하는 도입문구는 표준의 구조에서 설명한 미결 문단과는 다르다는 것을 주의한다.

한 절 내에 단일 항을 가지도록 하는 것은 허용 불가능한 반면에 모든 표준이 최소한 두 개의 시약과 재료를 포함하도록 요구하는 것은 이치에 맞지 않는다.

각각의 시약과 재료 기재사항은 상호 참조의 목적을 위해 오직 하나만 존재할지라도 번호가 부여되어야 한다.

다음의 **보기**는 사용된 표현형태를 나타낸다(보다 많은 KS안 작성의 보기는 KS M ISO 78－2, A.10.1을 참조). 활자표현방식(typographic presentation)은 절이나 항과는 다르다는 것을 주의한다. 절 혹은 항의 제목은 절 혹은 항 번호와 같은 행에 표기하여야 하지만 활자표현방식은 "그 뒤에 있는 본문과는 행을 바꾸어" 표기한다. 시약 및/또는 재료 목록에서의 시약 및/또는 재료는 선택적으로 시약 및 재료에 관한 서술을 같은 행에, 더 많은 추가적인 서술은 다른 문단에 제공한다.

보기

3 시약

오직 승인된 분석등급의 시약과 증류수 또는 이와 동등한 순도를 가진 물만 사용한다.

3.1 세척제, 보기를 들면 메탄올 또는 수용 세제 몇 방울이 첨가된 물

c) 시험기구(장치) : 시험하는 동안 사용하는 모든 기구를 나타낸다.

[보기] 장치의 기술방법

5 장치

5.1 솔더조(solder bath), 솔더 합금을 4kg 이상 넣을 수 있고, 용융시 25mm 이상 깊이를 가지며 온도를 300±10℃로 유지할 수 있는 것이어야 한다.

5.2 온도/습도 오븐, 23±2℃의 온도와 (50±5)%의 습도를 유지할 수 있는 오븐이어야 한다.

"장치"절의 체계, 번호부여 및 표현에 관련된 표준은 "시약 및/또는 재료"절의 내용과는 다르기 때문에 다음과 같이 기술되어야 한다.

5 장치

5.1 솔더조(solder bath)

솔더 합금을 4kg 이상 넣을 수 있고, 용융시 25mm 이상 깊이를 가지며 온도를 300±10℃로 유지할 수 있는 것이어야 한다.

5.2 온도/습도 오븐

23±2℃의 온도와 (50±5)%의 습도를 유지할 수 있는 오븐이어야 한다.

이것은 표준에서 사용된 시험기구(장치)의 목록을 제공하는 조건요소이다. "장치"절의 체계, 번호부여 및 표현에 관련된 표준은 "시약과 재료"절의 내용과는 다르다. 가능하다면, 한 명의 제조자에 의해 생산된 장치는 일일이 열거하지 않는 것이 좋다.

그러한 장치를 즉각적으로 사용할 수 없는 곳이라면 비교할 수 있는 시험이 모든 관계자에 의해 실행될 수 있다는 것을 보장하기 위한 장치의 설명이 이 절에 포함되어야 한다.

상표명의 사용에 대해서는 다음을 고려한다. 상표명(상품명)보다는 제품의 정확한 명칭 혹은 설명이 제시되어야 한다. 특정 상품의 상표명 소유권(즉, 상표권)은 통상적으로 사용되고 있을지라도 가능한 한 피하는 것이 좋다.

예외적으로, 상표명을 사용할 수밖에 없을 경우에는 그들의 특성이 표시되어 있어야 한다. 보기를 들면, 등록된 상표명에는 ® 기호를 사용하고(보기 1 참조), 상표에는 TM 기호를 사용한다.

보기 1 "Teflon®" 대신에 "polytetrafluoroethylene(PTFE)"으로 쓴다.

오직 하나의 제품만이 현재 이용 가능하고 표준상에서 성공적으로 인용하는 데 적합하다고 알려져 있다면, 제품의 상표명은 표준의 본문에서 주어져도 되지만 보기 2에서와 같이 각주로 연결되어야 한다.

보기 2 **"1) ...[제품의 상표명 또는 상표]...은 ...[제조자]...에 의해서 제공된 [제품의 상표명 또는 상표]**이다. 이 정보는 표준 사용자의 편의를 위하여 제공된 것이며 ...[KS]...가 이 상표의 제품을 보증하는 것이 아니다. 동일한 결과를 도출할 수 있다면 동등한 제품이 사용되어도 된다."

해당 제품의 특성이 상세하게 서술되기 어려운 관계로 표준의 성공적 인용에 적합하고 상업적으로 이용 가능한 제품의 보기를 제시하는 것이 필수적이라고 생각된다면, 보기 3에 나타내었듯이 상표명을 각주에 나타내어도 된다.

보기 3 **"1) ...[제품의 상표명 또는 상표] ...은 상업적으로 이용하기에 적합한 제품의 보기이다.**
이 정보는 표준 사용자의 편의를 위하여 제공된 것이며 ...[KS]가 ...이들 제품들을 보증하는 것이 아니다."

d) **시험시료 및 시편의 준비와 보존** : 시료의 준비와 보존에 필요한 모든 정보를 나타낸다.
e) **시험절차** : 시험방법이 간결하게 설명되어야 한다.
f) **계산방법** : 시험결과의 계산방법들을 제시한다.
g) **시험보고서** : 시험보고서 내에 포함되어야 할 정보를 명시한다.

시험방법은 독립된 절로 표현되거나 요구사항과 결합, 혹은 부속서나 독립된 부로 표현되어도 된다. 시험방법이 복수의 다른 표준에 인용될 것 같은 경우에는 시험방법을 독립된 표준으로 준비하여야 한다.

요구사항, 샘플링 및 시험방법은 제품의 표준화와 상호 연관된 사항이므로 서로 다른 요소들을 한 표준 내의 독립된 절에 표현하거나 분리된 표준에서 표현할 때에는 종합적으로 고려되어야 한다.

시험방법에 관한 KS안을 작성할 때에는 일반적인 시험방법을 위한 표준과 다른 표준에서 유사한 특성에 맞는 관련시험에 대한 문서가 참작되어야 한다. 같은 수준의 신뢰수준으로 파괴 시험방법을 비파괴 시험방법으로 교체 가능한 때에는 비파괴 시험방법을 선택하여야 한다.

어떤 특성을 시험하기 위한 두 가지 이상의 적당한 시험방법이 존재한다면 원칙적으로 한 표준에서 오직 하나만이 논의되어야 한다.

만약 어떤 이유에서 두 개 이상의 시험방법이 표준화되어야 한다면, 중재방법("참조방법"이라고도 함)이 의심이나 논쟁을 해결하기 위해 해당 표준에 표시되어야 한다.

작성 포인트

검증된 시험방법(ISO, IEC, KS 등)이 존재하는 경우 이들 표준을 인용한다.

검증된 시험방법(ISO, IEC, KS 등)이 없는 경우 다음 사항을 포함하여 시험방법을 작성한다.

a) 원리
b) 시약과 재료
c) 시험기구(장치)
d) 시험시료 및 시편의 준비와 보존
e) 시험절차

f) 계산방법

g) 시험보고서

세부적인 시험방법 작성방법은 화학표준을 위한 체계－화학분석법(KS M ISO 78－2)을 참조한다.

작성 사례

다음의 보기는 검증된 시험방법(ISO, IEC, KS 등)이 있는 경우로, 단체에서 제정한 시험방법의 사례이다. 검증된 시험방법(ISO, IEC, KS 등)이 없는 경우의 사례는 본 도서 2.2 방법표준 작성방법을 참조한다.

7 시험

시험은 다음과 같이 실시하여야 한다.

7.2.1 구조 및 형태

육안으로 확인한다.

7.2.2 치수

적절한 치수측정기로 측정한다.

7.2.3 외부문의 개폐 반복성

KS F 2237(창호의 개폐력 시험방법)에 따라 30 000회를 실시한다.

7.2.4 내부 단열재

7.2.4.1 초기 열전도율

컨테이너형 하우스에 사용되는 내부 단열재의 초기 열전도율 시험은 KS L 9016에서 규정하는 시험방법에 따라 생산된 7일에서 28일이 지난 단열재로 평균온도 (23±2)℃에서 시험하여 측정한다.

7.2.4.2 연소성

컨테이너형 하우스에 사용되는 내부 단열재의 연소성 시험은 KS M ISO 9772(발포 플라스틱-소형 화염에 의한 수평 연소성의 측정)에 따른다.

7.2.5 철재 골조 및 벽판재

컨테이너형 하우스의 철재 골조 및 벽판재에 대한 시험은 표 10에 따른다.

표 10 – 철재 골조 및 벽판재의 시험방법

시험 항목		시험방법
인장강도 (N/㎟)		a) 시험편은 KS B 0801에 따른다. b) 시험방법은 KS B 0802에 따른다.
굽힘성		a) 시험편은 KS B 0804의 5(시험편)에 따른다. b) 시험방법은 KS B 0804에 따른다.
화학 성분 (%)	C	a) 시료채취방법은 KS D 0001의 4(화학성분)에 따른다. b) P(인)의 분석방법은 KS D 1802에 따른다. c) S(황)의 분석방법은 KS D 1803에 따른다. d) C(탄소)의 분석방법은 KS D 1804에 따른다. e) Mn(망가니즈)의 분석방법은 KS D 1806에 따른다.
	Mn	
	P	
	S	

7.2.6 목재 골조 및 벽판재

7.2.6.1 겉모양

육안으로 확인한다.

7.2.6.2 함수율

각 시료로부터 길이방향으로 50 mm, 두께는 목재 벽판재의 두께로 절단한 크기의 시험편 2개씩을 채취하여 KS F 2199(목재의 함수율 측정방법)에 따라 시험한다.

7.2.7 벽체합판

컨테이너형 하우스의 벽체합판 시험은 표 11에 따른다.

표 11 – 벽체합판의 시험방법

시험 항목	시험방법
접착성(N/㎟)	KS F 3101 7.2(접착력 시험)에 따른다.
함수율(%)	KS F 3101 7.3(함수율 시험)에 따른다.
폼알데하이드 방출량(mg/L)	KS F 3101 7.4(폼알데하이드 방출량 시험)에 따른다.

7.2.8 바닥합판

컨테이너형 하우스의 바닥합판 시험은 표 12에 따른다.

표 12 – 바닥합판의 시험방법

시험 항목	시험방법
휨강도(N/㎟)	KS F 3113 6.4(휨 강도 시험)에 따른다.
접착력(N/㎟)	KS F 3113 6.1(접착력 시험)에 따른다.
함수율(%)	KS F 3101의 7.3(함수율 시험)에 따른다.
폼알데하이드 방출량(mg/L)	KS F 3113 6.3(폼알데하이드 방출량 시험)에 따른다.

2.1.12 표기, 라벨링 및 포장

작성 가이드

제품의 표기에 대한 참고사항을 포함하고 있는 문서를 작성할 경우, 다음 사항을 기술하여야 한다.

- 적용할 수 있는 경우, 제조자(상호 및 주소) 또는 판매자(상호, 상표 또는 식별표시), 또는 제품 그 자체에 대한 마크[즉, 제조자 또는 판매자의 상표, 모델 또는 형식번호, 호칭, 혹은 서로 다른 크기, 종류, 형식 및 등급의 식별표시를 포함하여 제품의 식별에 사용되는 표기에 대한 내용]

- 보기를 들면 팻말(때로는 "명판"이라고 함), 라벨, 날인, 색채, 실(케이블에서의)을 사용하여 제품의 마크를 표현하는 방법
- 제품 또는 포장에 해당 마크가 부착되어야 할 위치
- 제품의 라벨링 및 포장에 대한 요구사항(즉, 취급 설명서, 위험 경고사항, 제조일자)
- 요구될 수 있는 그 외의 정보

만약 라벨의 적용이 문서에서 요구되는 경우, 그 문서는 라벨링의 성격 및 라벨링이 어떻게 제품 또는 포장지에 첨부, 부착 또는 적용되는지에 관해 서로 규정하여야 한다.

마크 표시를 위해서 표기된 기호는 KS, ISO 및 IEC에 의해서 출판된 관련 문서에 적합하여야 한다. 포장과 관련된 표준은 ISO 및 IEC 카탈로그 내 ICS 범주 하에 찾을 수 있다.

작성 포인트

제품의 포장 및 표시에 대하여 기술한다.

작성 사례

다음은 단체의 제품표준의 포장 및 표시 사례이다.

9 표시

컨테이너형 하우스의 잘 보이는 곳에 쉽게 지워지지 않는 방법으로 명료하고 견고하게 다음 사항을 표시하여야 한다.

a) 명칭

b) 종류
c) 제조자명
d) 제조일자 또는 LOT 번호
e) A/S 연락처

2.1.13 부속서

작성 가이드

부속서는 본문 내에서 인용된 순서에 따라 배열되어야 한다. 각각의 부속서는 "부속서"라는 단어 뒤에 "A"로 시작되는 일련의 순서를 표시하는 대문자를 사용하여 구성되어야 한다("**부속서 A**").

부속서의 순서 다음 행에 "(규정)" 또는 "(참고)"의 표시를 하고 행을 바꾸어 제목을 위치시켜야 한다. 해당 부속서를 지시하는 문자 뒤에 마침표를 찍고 그 뒤에 부속서의 절과 항, 표, 그림, 수학적 공식에 부여된 숫자를 표기하여야 한다. 번호부여는 각 부속서마다 새로 시작하여야 한다. 단일 부속서는 "**부속서 A**"로 호칭되어야 한다.

보기 부속서 A에서의 절은 "A.1", "A.2", "A.3" 등으로 호칭된다.

규정 부속서는 표준의 본체 내용에 추가되는 조항을 제시하며 이는 조건사항이다. 부속서의 규정적 지위는 본문 내에서 언급된 방법과 목차 및 부속서의 제목 아래에 표시된 대로 명시되어야 한다.

참고 부속서는 해당 표준을 이해하거나 사용할 때 도움을 주기 위해 추가적인 정보를 제공한다. 참고 부속서에는 요구사항을 포함시켜서는 안 되고 이들은 선택사항이다. 부속서의 참고적 지위는 본문에 언급된 방법과 목차 표시에 의해, 그리고 부속서의 순서 아래에 명시되어야 한다.

참고 부속서는 선택적 요구사항을 포함하여도 된다. 보기를 들면, 선택적인 시험방법에 요구사항이 포함되어도 되지만, 표준의 규정에 따를 것을 요구하는 요구사항을 따를 필요는 없다.

작성 포인트

부속서 알파벳 순서별 대문자, (규정 또는 참고), 제목 순서로 줄을 바꾸어 기술한다.

작성 사례

다음의 보기는 올바르지 않게 작성된 규정 부속서를 올바르게 수정한 사례이다.

[보기]

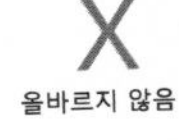

부속서 M (규정) 문장 쓰는 방법

문장을 쓰는 방법은 다음에 따른다.
a) 문장은 한글로 한다.
b) 문체는 문장 구어체로 한다.
c) 쓰는 방법은 왼쪽 가로쓰기로 조항쓰기 한다.

부속서는 부속서 글자 뒤에 알파벳 대문자를 기술하고, 줄을 바꾸어 (규정), 또 다시 줄을 바꾸어 제목을 기술해야 한다. 또한 부속서의 항은 부속서 알파벳 대문자 뒤에 일련번호로 부여 해야 하므로 다음과 같이 기술되어야 한다.

부속서 M
(규정)
문장 쓰는 방법

M.1 문장을 쓰는 방법
문장을 쓰는 방법은 다음에 따른다.
a) 문장은 한글로 한다.
b) 문체는 문장 구어체로 한다.
c) 쓰는 방법은 왼쪽 가로쓰기로 조항쓰기 한다.

M.2 용어

다음은 단체의 제품표준의 참고부속서 사례이다.

부속서 A

(참고)

컨테이너형 하우스 형태

재질 구성요소에 따른 컨테이너형 하우스의 형태는 다음의 그림 A.1, 그림 A.2, 그림 A.3과 같다.

그림 A.1 – 철재 컨테이너형 하우스

그림 A.2 – 목재 컨테이너형 하우스

그림 A.3 – 철재와 목재 혼합 컨테이너형 하우스

2.1.14 참고문헌

작성 가이드

KS, ISO 및 IEC 문서에 대한 참조는 본 도서 2.1.7에 명시된 규칙에 따라야 한다. 그 외 참고문서 및 정보출처(인쇄, 전자 또는 기타)는 ISO 609에 서술된 관련 규칙을 따라야 한다.

온라인 상의 참고된 문서에서는 출처를 확인하고 찾기 위해 충분한 정보가 제시되어야 한다. 되도록이면 탐색이 용이하도록 참고문헌의 직접적인 출처가 인용되어도 된다. 더욱이 참조는 가능한 한 문서가 사용 가능할 것으로 기대되는 때까지 유효한 것이 좋다. 참조에는 출처에서 제시된 것과 같은 구두점, 대문자 및 소문자를 사용하여 참고된 문서에 접근하기 위한 방법과 전체 웹사이트 주소가 포함되어야 한다(ISO 690 참조).

보기 1 ISO/IEC Directives 및 ISO Supplement는 ISO/<http://www.iso.org/directives>에서 이용가능.

보기 2 Statutes and directives는 <http://www.iec.ch/members_experts/refdocs/>에서 이용가능.

보기 3 ISO 7000/IEC 60417는 <http://www.graphical-symbols.info/equipment>에서 이용가능.

작성 포인트

참고문헌의 인용문서는 제목으로 그룹별 분류할 수 있다. 이러한 제목은 번호를 매기지 않고 목차에도 표시하지 않는다.

작성 사례

다음의 보기는 올바르지 않게 작성된 참고문헌을 올바르게 수정한 사례이다.

[보기]

X
올바르지 않음

참고문헌

(1) EN71 - 7 : 1998 장난감 안전 - 제1장 : 기계적 및 물리적 특성
(2) EN563 : 1994 기계안전 - 접촉 표면 온도 - 고온 표면 온도 제한을 위한 인간공학 데이터
(3) CEN Report CR 13387 : 1999 어린이 사용 및 보호 항목 - 일반 안전 지침

참고문헌의 인용문서는 제목으로 그룹별 분류할 수 있으며, 이러한 제목은 번호를 매기지 않고 목차에도 표시하지 않아야 하므로. 다음과 같이 기술되어야 한다.

올바름

참고문헌

EN71 - 7 : 1998 장난감 안전 - 제1장 : 기계적 및 물리적 특성
EN563 : 1994 기계안전 - 접촉 표면 온도 - 고온 표면 온도 제한을 위한 인간공학 데이터
CEN Report CR 13387 : 1999 어린이 사용 및 보호 항목 - 일반 안전 지침
ASTMF963 - 96a 장난감 안전의 표준 소비자 안전 표준
공공 놀이터 안전 핸드북, 미국 소비자 제품 안전 협회, 출판 번호 325, 1997
어린이 데이터 - 어린이 측정 및 능력 핸드북, 영국 무역산업부(DTI), 1995
웹사이트 참조 : <http : //domino.iec.ch/iec60417/iec60417.nsf/>

다음은 단체의 제품표준의 참고문헌 사례이다.

참고문헌

KS T 3003 플렉시블 컨테이너
KS T ISO1161 국제화물컨테이너-모서리쇠-시방

2.1.15 색인

작성 가이드

색인이 존재한다면 마지막 요소로서 배치되어야 한다. 색인 작성자는 자동적 생성을 달성하기 위해 최상의 방법을 사용할 것을 권고한다.

작성 사례

색인의 작성사례는 KS Q ISO 9000:2015, 품질경영시스템－기본사항과 용어를 참고한다.

2.1.16 해설서

작성 가이드

해설은 본체에서 정의하고 있는 것처럼 "본체 및 부속서(규정)에 규정한 사항, 부속서(참고)에 기재한 사항 및 이들과 관련된 사항을 설명한 것"으로 표준의 일부는 아니다.

따라서 본체 및 부속서(규정)에서 규정하고 있지 않은 요구사항, 규정할 수 없는 상세한 사항 등을 보충규정과 같은 형태로 해설에 기재하여서는 안 된다. 표준은 본체[및 부속서(규정)]에서만 실수 없이 이행할 수 있도록 해 두어야 한다. 그러나 표준이 정해지고 개정된 결과, 표준의 내용의 근거, 국제표준과의 부합성, 심의 중에 특히 문제가 된 사항 등 표준의 사용자가 표준의 내용을 보다 잘 이해하도록 표준의 차기 재검토, 개정에 종사하는 자가 배려하여야 하는 사항을 명확하게 붙이면 된다. 적어도 국제표준과의 부합성 및 표준을 개정한 경우의 개정 부분, 그 내용 등에 대하여 기재해 두어야 한다.

해설에 서술하는 내용은 각각의 표준에 따라 일률적으로 지정할 수는 없지만 다음 사항 중에서 필요한 것을 고른다.

- 제정 또는 개정의 취지
- 제정 또는 개정의 경위
- 심의 중에 특히 문제가 된 사항
- 특허권 등에 관한 사항
- 적용범위
- 규정요소의 규정항목의 내용, 특히
  - 종류, 등급 등의 근거
  - 표준치의 근거
  - 대응국제표준과의 비교, 국제표준으로의 이행시기 등
  - 국내 법규, 외국 법규 등과의 비교
  - 개정 부분, 내용 및 개정 이유
- 현안사항
- 그 밖의 해설사항

해설서

1 제정취지

조달청 나라장터의 조사결과 최근 컨테이너형 하우스의 수요가 급증하고 있는 추세이나, 표준을 바탕으로 개발된 제품이 아닌 단순 중고 컨테이너를 활용하는 단순 제품이라 화재 및 안전성에 매우 취약한 실정이다. 따라서 시장의 수요와 요구를 충족시키고 안전성과 방음, 단열, 부식 등에 강한 표준화된 컨테이너형 하우스를 개발 및 보급하기 위함이다.

2 제정 경위

2.1 추진조직 구성·운영

컨테이너형 하우스 단체표준을 효율적으로 개발하기 위하여 한국이동식구조물산업협동조합과 이해 관계자 즉, 업체 전문가, 분야별 기술전문가(표준개발전문가, 제품기술전문가, 제품품질특성 시험전문가 등) POOL(10명 내외)을 중심으로 추진조직을 구성·운영하고 추진하였다.

2.2 사전 설문조사 실시

컨테이너형 하우스 단체표준 제정 관련 이해관계자를 대상으로 사전 설문조사를 실시하였다. 조사 대상 100사 중 22사가 설문에 응답하였으며 응답사의 21사(95.5%)가 단체표준의 필요성을 주장하였다. 단체표준 제정 시 컨테이너형 하우스의 안전성, 편의성, 제조원가, 기능성 등을 고려하여야 한다고 응답하였다. 기타 단체표준 제정이 또 다른 규제가 되지 않을까 염려하는 소수의 의견도 있었으나 단체표준이 제정되면 적극적으로 참여하겠다는 기대감을 보였다.

2.3 단체표준 개발 추진

컨테이너형 하우스 단체표준 개발은 다음과 같은 절차로 추진하였다.

프로세스	Input	수행방법	Output
추진조직 구성 및 관련 정보 수집	* 관련 KS/단체표준 * 기타 관련 참고 자료	* 단체표준 개발 방향 결정 * 관련 KS/단체표준 중복성 검토	* 관련 정보요약서 * KS, 타 단체표준과의 중복성 검토서
관련자 및 전문가 의견수렴	* 설문조사서 설계 * 전문가 의견수렴	* 조합 이해관계자 대상 설문조사 * 관련 기술전문가 인터뷰	* 설문결과보고서 * 인터뷰보고서 * 단체표준개발 계획서
단체표준 초안 작성	* 단체표준 관련 정보 * KSDT 활용	* 기술전문가 의견 반영 * 실태조사 결과 반영 * KS A 0001 (표준의 서식 및 작성방법)에 부합되도록 작성	* 단체표준 초안
전문가 검토 및 심의	* 단체표준 초안 * 공청회 * 단체표준안 심의	* 관련 전문가에 의한 단체표준 초안 기술검토 회의/워크숍 * 관련 조합 이해관계자 단체표준 초안 회람 또는 공청회 실시	* 검토/수정안 * 이해관계자 의견서
최종안 확정 및 등록 의뢰	* 이해관계자 의견을 반영한 단체표준안	* 단체표준심사위원회 개최 최종안 확정 * 중소기업중앙회에 등록 요청	* 단체표준 최종 확정안 * 단체표준 등록관련 서류

3 규정요소의 주요내용

3.1 적용범위

이 표준은 열간압연 강대 또는 목재를 골조로 사용하고 열간압연 연강판 또는 목재의 벽판재 사이에 발포 폴리스티렌(PS) 단열재를 삽입하여 제작한 이동식 컨테이너형 하우스에 대하여 적용한다.

기존에 제작된 컨테이너를 재활용한 컨테이너형 하우스와 외부충격에 약하고 견고하지 않은 알루미늄, 스테인레스, 합성수지재 등을 벽판재로 사용하여 제작된 컨테이너형 하우스에는 이 표준의 제정취지에 맞지 않으므로 적용하지 않는다.

3.2 제품의 치수 및 허용차

현재 나라장터에서 유통되고 있는 기존 제품의 치수 및 허용차를 참고하였으며, 단열성을 확보하기 위하여 두께를 1 500 mm로 규정하였다.

3.3 내부 단열재

컨테이너형 하우스의 단열성을 확보하기 위하여 내부 단열재는 KS M 3808(발포 폴리스티렌(PS) 단열재)의 압출법을 적용하였다. KS M 3808(발포 폴리스티렌(PS) 단열재)에 규정된 내부 단열재의 성능은 다음과 같다.

a) 비드법 단열판 3호의 초기 열전도율은 비드법 1종은 0.040 이하이며, 비드법 2종은 0.033 이하이다. 연소성은 연소시간 120초 이내이며, 연소길이 60mm 이하이다.
b) 압출법 단열판 3호의 초기 열전도율은 0.031 이하이며, 장기 열전도율은 0.033 이하이다. 연소성은 연소시간 120초 이내이며, 연소길이 60mm 이하이다.

3.4 철재 골조 및 벽판재

컨테이너형 하우스의 철재 골조 및 벽판재는 KS D 3501(열간압연 연강판 및 강대)을 적용하였다.

3.5 목재 골조 및 벽판재

컨테이너형 하우스의 골조 및 벽체를 목재로 사용하는 경우, 일반 목재 및 KS F 3129(목재 벽판재)를 적용하였다.

3.6 벽체합판 및 바닥합판

컨테이너형 하우스의 벽체합판은 KS F 3101(보통합판)을, 바닥판은 KS F 3113(구조용합판)을 적용하였다.

4 심의 중에 특히 문제가 된 사항

심의 과정에서 주요 이슈 사항을 요약하면 다음과 같다.

a) 컨테이너형 하우스의 두께

b) 벽판재의 재질(목재, 강철재, 알루미늄, 스테인레스, 합성수지재 등)

c) 창호의 이중창 채택여부 등

이슈에 대한 최종 합의사항은 다음과 같다.

a) 컨테이너형 하우스의 두께를 100mm로 하자는 의견과 150mm 이상으로 해야 한다는 논란이 있었으나 단체표준 제정 취지에 맞게 단열성이 보장되도록 150mm 이상으로 결정하였다.

b) 컨테이너형 하우스의 골조 및 벽판재를 열간압연 연강판 및 일반 목재로 결정하였다.

c) 컨테이너형 하우스에 설치되는 창호는 단열성을 확보하기 위하여 이중창으로 결정하였다.

2.2 방법표준 작성방법

방법표준(시험표준)을 작성할 때에는 화학표준을 위한 체계－화학분석법(KS M ISO 78－2)을 참조하여 작성한다. 다른 분야 시험표준도 이를 준용할 수 있다.

구분	방법표준 요소 배열 순서	요소의 허용 내용
예비 참고요소	표지(Title page)	명칭
	목차(Table of contents)	생성된 내용
	머리말(Foreword)	본문, 비고, 각주
	개요(Introduction)	본문, 그림, 표, 비고, 각주
일반 규정요소	적용범위(Scope)	본문, 그림, 표, 비고, 각주
	인용표준(Normative references)	참조, 각주
기술적 규정요소	용어와 정의(Terms and definitions)	본문, 그림, 표, 비고, 각주
	기호와 약어(Symbols and abbreviated terms)	본문, 그림, 표, 비고, 각주
	시험원리	본문, 그림, 표, 비고, 각주
	시약 및/또는 재료	본문, 그림, 표, 비고, 각주
	시험장치	본문, 그림, 표, 비고, 각주
	시험시료의 준비와 보존	본문, 그림, 표, 비고, 각주
	시험절차	본문, 그림, 표, 비고, 각주
	계산방법 및 시험결과의 표시	본문, 그림, 표, 비고, 각주
	시험정적서	본문, 그림, 표, 비고, 각주
	규정 부속서(Normative annex)	본문, 그림, 표, 비고, 각주
보충 참고요소	참고 부속서(Informative annex)	본문, 그림, 표, 비고, 각주
	참고 문헌(Bibliography)	참조, 각주
	색인(Indexes)	생성된 내용

작성 가이드

방법표준의 표지, 목차, 머리말, 개요, 적용범위, 인용표준, 용어와 정의, 기호와 약어, 부속서, 참고문헌, 해설서의 작성방법은 제품표준 작성방법을 참조한다.

작성 포인트

방법표준(시험표준)은 다음의 구성요소를 반드시 포함하여 규정한다.

- **원리** : 시험방법의 필수적인 단계, 기본적인 원리 그리고 사용된 방법의 특성과 특정한 절차를 선택한 이유를 나타낸다.
- **시약과 재료** : 시험 중에 사용되는 모든 시약과 재료들을 나타낸다.
- **시험기구** : 시험하는 동안 사용하는 모든 기구를 나타낸다.
- **시험시료 및 시편의 준비와 보존** : 시료의 준비와 보존에 필요한 모든 정보를 나타낸다.
- **시험절차** : 시험방법이 간결하게 설명되어야 한다.
- **계산방법** : 시험결과의 계산방법들을 제시한다.
- **시험보고서** : 시험보고서 내에 포함되어야 할 정보를 명시한다.

방법표준(시험표준)의 세부적인 작성방법은 본 도서 2.1.11 시험방법 및 화학표준을 위한 체계－화학분석법(KS M ISO 78－2)을 참조한다.

작성 사례

* 각각의 품질특성에 대한 방법표준(시험표준)은 다음과 같이 기술한다.

6 플라스틱－굴곡성의 시험방법

6.1 원리

직사각형의 단면을 가진 시험편을 두 지지대에 놓고, 두 지지대 사이의 시험편 중앙에 하중을 가하여 구부린다. 시험편이 최대 변형 5

%에 도달하거나, 외부의 파열이 발생할 때까지 일정한 속도로 하중을 가한다. 시험 동안 시험편에 부하되는 하중을 측정한다.

6.2 시험시료 및 시편의 준비와 보존

6.2.1 시편의 준비

a) 추천 시험편은 ISO 20753에 의한 다목적용 시험편의 중앙 부위에서 채취하여 기계 가공해도 좋다. 규정된 두께보다 두꺼운 시트에서 시험편을 채취할 경우는 한쪽 면만을 기계 가공하여 얇게 만든다.

b) 추천하는 시험편의 치수는 mm 단위로 나타내어 다음과 같다.

- 길이 $l=80.0\pm2.0$
- 너비 $b=10.0\pm0.2$
- 두께 $h=4.0\pm0.2$

c) 시험편은 시험할 재료의 시방에 따라 제작한다. 표준이나 별도의 규정이 없는 경우에는 ISO 293, KSM ISO 295, ISO 294－1 또는 KS M ISO 10724－1 중에서 해당 표준에 따라 재료부터 직접 압축 성형 또는 사출 성형하여 제작한다.

d) 각 방향에 대해 최소 5개의 시험편을 준비한다.

6.2.2 시편의 보존

시험편은 시험할 재료의 표준에 정해진 방법에 의해서 상태 조절을 행한다. 별도의 규정이 없거나 저온 또는 고온 시험 등의 당사자간의 합의가 없는 경우에는 KS M ISO 291에서 가장 적합한 조건을 선택한다. 예를 들면 시험온도가 높거나 낮다면 KS M ISO 291에 표준상태 23/50에 맞춰야 하지만, 예외적으로 재료의 굴곡 성질이 습도에 영향을 받지 않는다면 이러한 경우에 습도 조절은 불필요하다.

6.3 시험기구

6.3.1 하중 측정계

하중 측정계는 KS B ISO 7500－1의 등급 1의 요건에 부합해야 한다.

6.3.2 굴곡 측정계

굴곡 측정계는 KS B ISO 9513의 등급 1의 요건에 부합해야 한다. 이 측정계는 굴곡의 전 범위에 걸쳐 측정되어야 유효하다. 위에 언급된 정확성 요건을 만족하는 비접촉 시스템을 사용한다. 이 측정시스템은 시험장비의 측정에 영향을 미치지 않아야 한다.

6.3.3 지지대 및 가압봉

지지대와 가압봉의 평행도는 ±0.2 mm 이내로 한다.

6.4 시험절차

a) 시험편의 너비 *b*를 *0.1 mm*까지, 중앙의 두께 *h*를 *0.01 mm*까지 측정한다. 한 조의 평균 두께 *h*를 계산한다.

b) 시험편의 두께가 평균값 ±2 %의 허용차를 넘는 시험편은 버리고 다른 시험편을 무작위로 선택하여 대체한다.

6.5 시험결과의 계산 및 표현

굴곡 응력은 다음의 식으로 계산한다.

Af = $3FL/bh$

여기에서

σf : 굴곡 응력 변수

F : 하중(*N*)

L : 지점 간 거리(*mm*)

b : 시험편의 너비(*mm*)

h : 시험편의 두께(*mm*)

6.6 시험보고서

시험 성적서에는 다음 사항을 포함하여야 한다.

a) 시험편의 모양과 치수들

b) 시험편의 제작 방법

c) 상태 조절과 시험 조건

d) 시험편의 수

2.3 전달표준(용어표준) 작성방법

구분	전달표준(용어표준) 요소 배열 순서	요소의 허용 내용
예비 참고요소	표지(Title page)	명칭
	목차(Table of contents)	생성된 내용
	머리말(Foreword)	본문, 비고, 각주
	개요(Introduction)	본문, 그림, 표, 비고, 각주
일반 규정요소	적용범위(Scope)	본문, 그림, 표, 비고, 각주
	인용표준(Normative references)	참조, 각주
기술적 규정요소	용어와 정의(Terms and definitions)	본문, 그림, 표, 비고, 각주
	기호와 약어(Symbols and abbreviated terms)	본문, 그림, 표, 비고, 각주
보충 참고요소	참고 문헌(Bibliography)	참조, 각주
	색인(Indexes)	생성된 내용

작성 가이드

전달표준(용어표준)의 표지, 목차, 머리말, 개요, 적용범위, 인용표준, 용어와 정의, 기호와 약어, 부속서, 참고문헌, 해설서의 작성방법은 제품표준 작성방법을 참조한다.

작성 포인트

본 도서 2.1.8 용어와 정의를 따른다.

작성 사례

전달표준(용어표준)의 작성사례는 KS Q ISO 9000:2015, 품질경영시스템－기본사항과 용어를 참고한다.

전달표준(용어표준)의 작성사례는 국가기술표준원 홈페이지에서 열람할 수 있다.

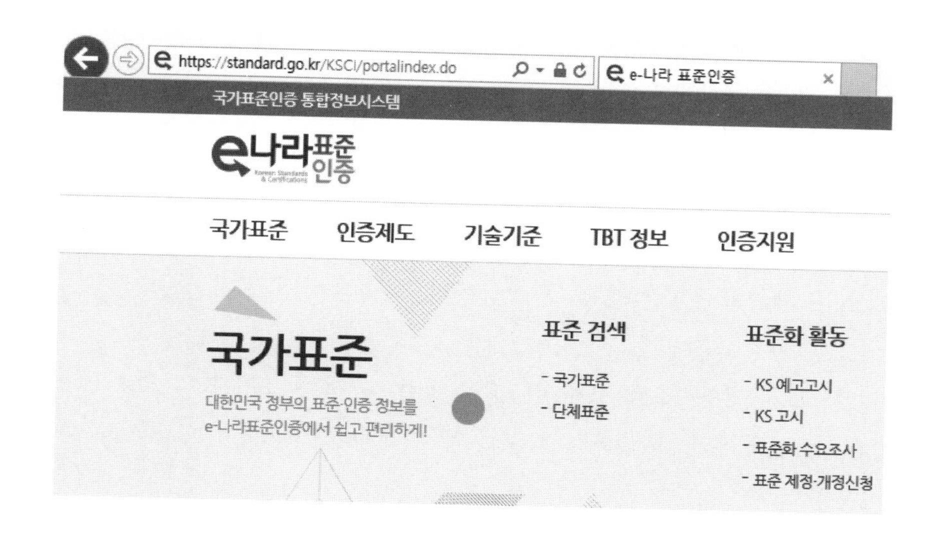

2.4 전달표준(경영시스템 표준) 작성방법

구분	전달표준(경영시스템 표준) 요소 배열 순서	요소의 허용 내용
예비 참고요소	표지(Title page)	명칭
	목차(Table of contents)	생성된 내용
	머리말(Foreword)	본문, 비고, 각주
	개요(Introduction)	본문, 그림, 표, 비고, 각주
일반 규정요소	적용범위(Scope)	본문, 그림, 표, 비고, 각주
	인용표준(Normative references)	참조, 각주
기술적 규정요소	용어와 정의(Terms and definitions)	본문, 그림, 표, 비고, 각주
	기호와 약어(Symbols and abbreviated terms)	본문, 그림, 표, 비고, 각주
	조직의 상황(Context of the organization)	본문, 그림, 표, 비고, 각주
	리더십(Leadership)	본문, 그림, 표, 비고, 각주
	기획(Planning)	본문, 그림, 표, 비고, 각주
	지원(Support)	본문, 그림, 표, 비고, 각주
	운영(Operation)	본문, 그림, 표, 비고, 각주
	성과평가(Performance evaluation)	본문, 그림, 표, 비고, 각주
	개선(Improvement)	본문, 그림, 표, 비고, 각주
	규정 부속서(Normative annex)	본문, 그림, 표, 비고, 각주
보충 참고요소	참고 부속서(Informative annex)	본문, 그림, 표, 비고, 각주
	참고 문헌(Bibliography)	참조, 각주
	색인(Indexes)	생성된 내용

작성 가이드

전달표준(경영시스템 표준)의 표지, 목차, 머리말, 개요, 적용범위, 인용표준, 용어와 정의, 기호와 약어, 부속서, 참고문헌, 해설서의 작성 방법은 제품표준 작성방법을 참조한다.

전달표준(경영시스템 표준)의 요소배열 순서는 ISO/IEC Drective Part 1 부속서의 경영시스템 표준의 기본구조(High Level Structure)를 적용한다.

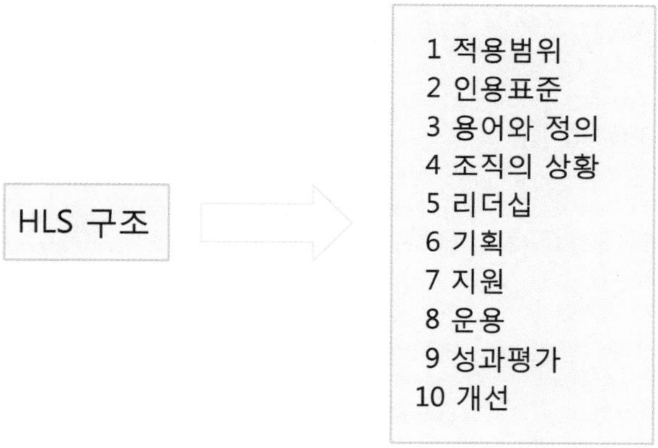

HLS 구조

1 적용범위
2 인용표준
3 용어와 정의
4 조직의 상황
5 리더십
6 기획
7 지원
8 운용
9 성과평가
10 개선

HLS(High Level Structure)는 경영시스템의 구조를 표준화하기 위한 방법으로 개별 표준보다 상위의 개념에서 공통되는 내용을 정한 것이 HLS이다. 그러므로 HLS는 국제표준화기구에서 제시하는 경영시스템 표준의 기본 틀이라고 정의할 수 있다.

또한 경영시스템 표준을 개발할 때에는 다음의 8원칙(ISO/IEC Directives, Part 1 Annex SL 참조)을 적용하여야 한다.

1 시장연관성(Market relevance)

경영시스템 표준은 주 사용자와 다른 영향을 받는 당사자의 요구를 충족시켜야 하고, 그들을 위하여 가치를 창출하여야 한다.

2 병용성(Compatibility)

다양한 경영시스템 표준간, 그리고 경영시스템 표준 패밀리 내에서 병용성을 유지하여야 한다.

3 주제의 범위(Topic coverage)

경영시스템 표준은 분야별 분산에 관한 요구사항을 제거하거나 최소화할 수 있는 충분한 적용범위가 있어야 한다.

4 유연성(Flexibility)

경영시스템 표준은 모든 관련 영역과 문화에 속한 다양한 규모의 조직에 적용 가능하여야 한다. 경영시스템 표준은 조직이 경쟁적으로 추가하거나, 다른 조직과 차별화하거나, 표준 이상으로 경영시스템을 개선하는 것에 걸림돌이 되면 안 된다.

5 자유무역(Free trade)

경영시스템 표준은 무역의 기술적 장벽에 관한 세계무역기구(WTO) 협정에 포함된 원칙에 따라 상품과 서비스의 자유무역을 허용하여야 한다.

6 적합성평가의 적용성(Applicability of conformity assessment)

제1자, 제2자, 제3자 적합성평가 또는 그것의 조합에 관한 사장 요구를 평가하여야 한다. 그 결과로 나온 경영시스템 표준은 그 범위 내에 적합성평가로 사용하기 적절한지 분명히 밝혀야 한다. 경영시스템 표준은 공동심사(joint audit)를 용이하게 하여야 한다.

7 제외사항(Exclusions)

경영시스템 표준은 직접 관련된 제품(서비스 포함) 표준, 시험 방법, 성능 수준(한계 설정) 또는 실행조직에 의해 생산된 제품에 관한 다른 형식의 표준화를 포함하지 않아야 한다.

8 사용의 용이성(Ease of use)

사용자가 하나 이상의 경영시스템 표준을 쉽게 실행할 수 있어야 한다. 경영시스템 표준은 쉽게 이해되고, 명백하여야 하고, 문화적 편

견이 없어야 하며, 쉽게 해석되고, 일반적으로 비즈니스에 적용이 가능하여야 한다.

작성 포인트

경영시스템 표준은 ISO/IEC Directives, Part 1 – Consolidated ISO Supplement–Procedures specific to ISO, Annex SL(normative) Proposals for management system standards, Appendix(normative) High level structure, identical core text, common terms and core definitions를 바탕으로 작성하여야 한다. ISO/IEC Drective Part 1 부속서는 ISO(국제표준화기구) 홈페이지에서 내려 받을 수 있다.

작성 사례

ISO/IEC Drective Part 1 부속서의 경영시스템 표준의 기본구조(High Level Structure)를 바탕으로 작성된 다음의 표준을 참고한다.

KS Q ISO 9001:2015, 품질경영시스템–요구사항
KS I ISO 14001:2015, 환경경영시스템–요구사항 및 사용지침
KS A ISO 22301:2013, 사회안전–비즈니스연속성 관리시스템–요구사항
KS X ISO/IEC 27001:2014, 정보기술–보안기술–정보보호경영시스템–요구 사항
KS X ISO 30301:2013, 문헌정보–기록경영시스템–요구사항

전달표준(경영시스템 표준)의 작성사례는 국가기술표준원 홈페이지에서 열람할 수 있다.

2.5 전달표준(가이드, 규범 표준) 작성방법

구분	전달표준(가이드, 규범 등) 요소 배열 순서	요소의 허용 내용
예비 참고요소	표지(Title page)	명칭
	목차(Table of contents)	생성된 내용
	머리말(Foreword)	본문, 비고, 각주
	개요(Introduction)	본문, 그림, 표, 비고, 각주
일반 규정요소	적용범위(Scope)	본문, 그림, 표, 비고, 각주
	인용표준(Normative references)	참조, 각주
기술적 규정요소	용어와 정의(Terms and definitions)	본문, 그림, 표, 비고, 각주
	기호와 약어(Symbols and abbreviated terms)	본문, 그림, 표, 비고, 각주
	가이드, 규범 등의 요구사항(Requirements)	본문, 그림, 표, 비고, 각주
	규정 부속서(Normative annex)	본문, 그림, 표, 비고, 각주
보충 참고요소	참고 부속서(Informative annex)	본문, 그림, 표, 비고, 각주
	참고 문헌(Bibliography)	참조, 각주
	색인(Indexes)	생성된 내용

작성 가이드

전달표준(가이드, 규범 표준)의 표지, 목차, 머리말, 개요, 적용범위, 인용표준, 용어와 정의, 기호와 약어, 부속서, 참고문헌, 해설서의 작성방법은 제품표준 작성방법을 참조한다.

작성 포인트

표준 작성 목적에 맞는 가이드, 규범에 관련된 모든 사항을 규정한다.

작성 사례

전달표준(가이드, 규범 표준)의 작성사례는 다음의 보기1, 보기2의 표준을 참고한다.

보기 1 가이드 표준은 KS Q ISO 10002(품질경영－고객만족－조직의 불만처리에 대한 지침)를 참고한다.

보기 2 규범 표준은 KS A ISO 26000(사회적 책임에 대한 지침)을 참고한다.

전달표준(가이드, 규범 표준)의 작성사례는 국가기술표준원 홈페이지에서 열람할 수 있다.

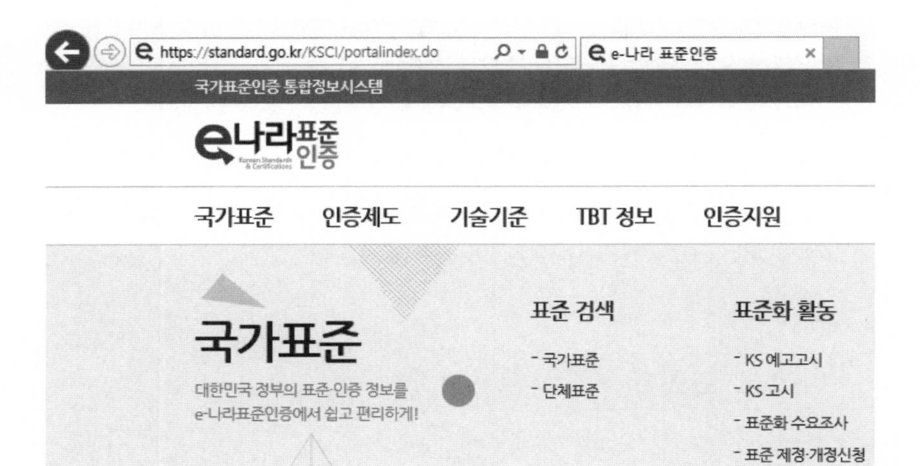
https://standard.go.kr/KSCI/portalindex.do
e-나라 표준인증
국가표준인증 통합정보시스템
e나라표준인증
국가표준
인증제도
기술기준
TBT 정보
인증지원
국가표준
대한민국 정부의 표준·인증 정보를
e-나라표준인증에서 쉽고 편리하게!
표준 검색
- 국가표준
- 단체표준
표준화 활동
- KS 예고고시
- KS 고시
- 표준화 수요조사
- 표준 제정·개정신청

부록 1

표준작성 공통규칙

1. 표준 작성원칙
2. 표준의 일관성 확보방법
3. 본문에 통합된 비고 및 보기 작성방법
4. 본문에 속한 각주 작성방법
5. 본문의 문장 말미형태
6. 본문의 그림 작성방법
7. 본문의 표 작성방법
8. 본문의 참조 작성방법
9. 숫자와 수치의 표시방법
10. 양, 단위, 기호 및 부호 표시방법
11. 수학적 공식
12 문장 쓰는 방법
13. 호칭체계
14. 특허권의 표준화 방법

1. 표준 작성원칙

이 표준의 작성원칙은 KS A 0001(표준의 서식과 작성방법)에 규정되어 있다.

일반사항	이 원칙은 제품표준, 방법표준, 용어표준에도 적용된다.
목적지향의 접근방법	표준의 목적으로 상호 이해 관련 문제, 보건, 안전, 환경보호, 연계성, 호환성, 병용성 또는 상호작용, 다양성 관리 등을 다룰 수 있다.
성능 접근법	표준의 요구사항은 가능한 한 설계 또는 외형적 특성보다는 성능의 관점에서 표현되어야 한다. 즉 요구사항의 특성과 한계수치로 표현되어야 한다. 보기 인장강도(kgf/mm^2)는 490 이상이어야 한다.
검증가능성의 원칙	제품표준의 목적이 무엇이든지 간에 검증될 수 있는 요구사항만을 포함하여야 한다. 단기간에 검증할 수 있는 시험방법이 알려져 있지 않다면 요구사항은 규정되어서는 안 된다.
수치의 선택	제품의 특성마다 한계수치(최대 혹은 최소)를 규정한다.
하나 이상의 제품치수에 대한 조정	만약 제시된 제품을 단일 치수로 표준화하는 것이 최종목표이고, 전 세계적으로 하나 이상의 널리 용인된 치수가 존재한다면 위원회 내에서 충분한 지지가 획득될 때 해당 위원회는 한 표준 내에 대체 가능한 제품치수를 포함하도록 결정할 수 있다.
반복의 회피	어떤 요구사항을 다른 여러 곳에서 적용하는 것이 필요하다면, 반복하여 서술하는 것보다는 인용하는 것이 바람직하다. 편의상, 다른 표준에 있는 요구사항을 반복하는 것이 유용하다면, 반복할 수 있다. 단, 이 반복이 단지 정보제공을 위한 것임을 분명히 하고, 요구사항이 반복된 표준에 참고 표시를 한다는 조건하에 가능하다.

1.1 일반사항

KS A 0001 부속서 A에 제시된 작성원칙은 제품표준 측면에서 서술되었으나, 필요할 경우, 용어표준이나 시험방법표준과 같은 표준에도 적용된다.

1.2 목적지향의 접근방법

어떤 제품이든 수많은 고유의 특징이 있지만, 일부 제품만이 국가 또는 국제표준화에 적합하다. 준비되어야 할 표준의 목적에 따라 선택이 결정되며, 관련 제품의 목적에 적절함을 보장하는 목적이 우선시된다.

따라서 하나의 표준 또는 일련의 표준은, 특히, 상호 이해관련 문제, 보건, 안전, 환경보호, 연계성, 호환성, 병용성 또는 상호작용, 그리고 다양성 관리를 다룰 수 있다.

문제시되는 제품에 대한 기능적인 분석은 표준에 포함되어 있는 관점을 확인하는 데 도움이 될 수 있다.

대부분의 표준에서 각각의 요구사항 목적은 명시되어 있지 않다 [표준 목적 및 일부 요구사항이 개요에 설명된 경우도 있다. 그러나 각각의 요구사항과 관련된 결정을 수월하게 하기 위해서는 가능한 한 초기 작업단계에서 이 목적을 확인하는 것이 중요하다].

표준을 참조하고자 하는 제조자와 구매자뿐만 아니라 인증기관, 시험소, 규제당국을 포함하는 이용자들이 이행하는 것을 용이하게 하기 위해서, 여러 당사자의 각 관심사인 제품관점은 표준의 별도의 절 또는 분리된 표준, 혹은 표준의 부로 명확히 구분되어야 한다. 그 구분의 보기는 다음과 같다.

- 안전 및 보건 요구사항
- 성능 요구사항
- 유지보전 및 서비스 요구사항
- 설치 규칙

다양한 목적 또는 다양한 조건(**보기** : 다른 기후조건)에서 사용하도록 의도된 제품, 혹은 사용자가 다양한 제품은 일부 특성에 대하여 다른 수치를 필요로 할 수 있다. 특정 목적 또는 조건에 대해 의도된 각 수치는 일부 카테고리 또는 수준에 해당된다. 이들 수치는 하나의 표준 또는 다른 표준에 포함될 수 있다. 그러나 목적과 수치 간의 상관관계가 분명히 명시되어야 한다.

무역에 있어서 그 중요성이 정당화될 경우, 다른 지역 및 국가 내에서의 다른 카테고리 및 수준도 포함이 될 수 있다. 상품 목적 적절성과 관련된 의무사항은 상품에 적용될 명칭 및 표기를 만족시켜야 하는 조건에 따라 표시되어야 한다(**보기** : 손목시계의 경우, "내충격성" 표기).

상호이해의 증진에는 기술적 요구사항에 사용되는 용어, 기호 및 표시 정의와 표준에 명시된 각 기술적 요구사항과 관련된 샘플링 방법 및 시험 방법의 확립이 필요하다.

보건, 안전, 환경 보호 및 자원의 경제적 사용이 상품과 관련될 경우, 적정한 요구사항이 포함되어야 한다. 그렇지 않을 경우, 일부 국가에서 조화가 이루어지지 않으면, 무역상에서의 기술장벽이 생길 수 있는 부가적인 강제 요구사항이 만들어질 수 있다.

이러한 요구사항은 한계 수치(최대 및/또는 최소) 또는 근접하게 정의된 크기, 그리고 어떤 경우에는 구조적 조건(**보기** : 안전상의 이유로 비호환성을 달성하고자 하는 경우)을 가질 필요가 있을 수 있다. 이러한 제한이 결정된 수준은 위험요소가 최소화된 수준이어야 한다.

관련되는 경우, 표준은 제품 보관과 이동 시 사용될 포장 및 조건에 대한 기술적인 요구사항을 규정할 수 있다. 이는 부적절한 포장으로 인해 유발될 수 있는 위험 및 오염을 막고, 제품을 보호하기 위함이다.

정부 규제 일부를 형성하거나, 의무적인 표준이 될 수 있는 보건 및 안전을 다루는 요구사항(KS A ISO/IEC Guide 51과 IEC Guide 104 참조)과 환경을 다루는 요구사항(KS A ISO Guide 64 및 IEC Guide 106 참조)은 표준을 작성할 경우 우선순위로 하도록 한다. 정부 규제에 속하는 표준에 대한 참조원칙(KS A ISO/IEC Guide 15)을 촉진하기 위해서, 관련 측면을 별도 표준으로, 혹은 표준의 별도 부분으로 출판하여야 한다. 하지만, 별도 출판이 가능하지 않을 경우, 이를 표준의 하나의 절로써 하나로 그룹화하여야 한다.

전기전자 분야의 경우에는 특별히 예외가 있지만, 일반적으로 환경 요구사항은 KS, ISO 및 IEC 문서에서보다는 정부 규제에서 다룬다.

그러나 해당되는 경우, 유사한 시험방법이 국제적으로 표준화되어야 한다. KS A ISO 14040, KS A ISO 14041, KS A ISO 14042 및 KS A ISO 14043은 제품 또는 프로세스의 환경 측면 평가에 대한 절차를 제공한다.

관련될 경우, 연계성, 호환성, 병용성 및 상호작용 요구사항은 국제표준화를 따라야 한다. 왜냐하면, 이 요소가 제품 사용과 관련하여 결정적인 요소를 형성할 수 있기 때문이다.

특정 제품에 대한 국제표준화는 어떤 관점에 한정될 수 있으며, 다른 목적을 무시할 수 있다. 국제표준화의 목적이 호환성을 보장하기 위한 경우, 제품의 표준 및 기능 측면을 고려하여야 한다.

다양성 관리는 죔쇠, 기타 기계부품, 전자부품 및 전기케이블과 같이 광범위하게 사용되는 재료, 물질 및 요소에 대한 국제 표준화의 중요한 목적의 하나이다(세계 무역, 경제 또는 안전과 같은 이유 때문에, 호환성 있는 요소의 가용성이 필수적이며, 국제수준에서의 일정수준의 다양성을 표준화하는 것이 정당화된다).

다양성은 크기는 물론 다른 특성과도 관련이 있다. 관련표준은 선택된 치수(통상 일련의 값)를 포함하여야 하며, 오차를 규정하여야 한다.

1.3 성능 접근방법

요구사항은 가능한 한 설계 또는 외형적 특성보다는 성능의 관점에서 표현되어야 한다. 이 접근법은 기술개발에 최대한의 자유를 보장해준다. 기본적으로 위에서 포함된 특성은 전 세계적(보편적)으로 수용되는 사항이다. 필요한 경우, 입법, 기후, 환경, 경제, 사회조건, 무역형태 등의 차이에 기인한 몇 가지 선택사항을 나타내어도 된다.

성능 접근방법을 채택하는 경우, 중요요소가 성능 요구사항에서 부주의로 인해 빠지지 않도록 보장하기 위해 주의할 필요가 있다.

재료의 경우, 필요한 성능요소를 결정하는 것이 불가능하다면, 재료는 규정될 수 있다. 그러나 "… 또는 동등하게 적용 가능하다고 입증된 다른 재료"라는 문구가 포함되는 것이 바람직하다.

최종 제품에 대한 시험이 수행되어야 한다면, 제조 프로세스와 관련된 요구사항은 통상 생략되어야 한다. 그러나 제조 프로세스에 대한 참조가 필요한 분야(**보기** : 열연, 압출) 및 제조 프로세스 점검이 필요한 분야(**보기** : 압력용기)도 있다.

그러나 서술적으로 규정하는 것과 성능으로 규정하는 것 중에서의 택일은 심사숙고할 필요가 있다. 왜냐하면 성능 규정화는 장기적이고 비용이 많이 드는 복잡한 시험 절차로 이어질 수 있기 때문이다.

1.4 검증가능성의 원칙

제품표준의 목적이 무엇이든지 간에, 검증될 수 있는 요구사항만을 포함하여야 한다.

표준에 있어서 요구사항은 잘 정의된 기준으로 명시되어야 한다. "충분히 강한" 또는 "적당한 강도"와 같은 문구는 사용될 수 없다.

검증성 원칙의 다른 중요한 점은 단기간에 검증할 수 있는 시험방법이 알려져 있지 않다면, 이 요구사항과 함께 어떤 제품의 안정성, 신뢰성 또는 수명이 규정되어서는 안 된다. 제조자의 보장은 유용하지만, 이런 요구사항을 대신하지는 못한다. 보증 조건은 상업적 또는 계약적이며, 기술적이 아닌 개념이기 때문에, 포함되어야 할 관점 밖의 것으로 간주된다.

1.5 수치의 선택

1.5.1 한계 수치

어떤 목적에 있어서 한계 수치(최대 혹은 최소)를 규정하는 것이 필요하다. 일반적으로 하나의 한계 수치가 각 특성마다 규정되어 있다.

광범위하게 사용되는 범주나 레벨의 경우, 여러 개의 한계 수치가 필요하다.

중요성이 거의 없는 한계 수치가 표준에 포함되어서는 안 된다.

1.5.2 선택 수치

어떤 목적에 따라서, 특히 다양성 관리 및 연계성을 목적으로 하는 경우에는 수치 또는 일련의 수치를 선택할 수 있다. KS A ISO 3(KS A ISO 17 및 KS A ISO 497 참조)에 제시된 일련의 선호되는 수치에 따라서, 혹은 해당되는 경우, 모듈 시스템 및 기타 결정요소에 따라 수치를 선택한다.

※ KS A ISO 3(표준수–표준수 수열)
※ KS A ISO 17(표준수 및 표준수 수열 사용지침)
※ KS A ISO 497(표준수 수열 및 끝맺음한 표준수 수열의 선택지침)

전기전자 분야의 경우, 치수 크기에 대한 추천된 시스템이 IEC Guide 103에 제시되어 있다.

타 표준 항목에서 언급된 장비 및 부품에 대한 수치 선택을 명시하는 표준은 기본 표준으로 간주하여야 한다. 보기는 다음과 같다. 전기전자 작업의 경우, 저항기 및 축전기에 대해 선호되는 수치를 명시하는 IEC 60063, 화학 시험인 경우, ISO/TC 48에서 개발한 실험실용 유리용기 표준이 그것이다.

이 표준에는 중요성이 거의 없는 수치는 포함하지 않는다. 일련의 합리화된 수치를 표준화하는 데 있어서, 기존의 시리즈가 세계 어디에서도 적용 가능한지의 여부에 대한 조사가 이루어져야 한다.

일련의 표준수가 사용될 경우, 분수(**보기** : 3.15)가 나올 때 발생할 수 있는 문제에 초점을 두어야 한다. 이는 불편하거나 불필요하게 고도의 정확도가 요구될 수 있으며, 이럴 경우 KS A ISO 497에 따라 반올림을 하여야 한다. 타 국가에서(구체적인 수치 및 반올림된 수치가 표준에 표기되어 있는 국가) 사용하는 타 수치 소개가 이루어져서는 안 된다.

1.5.3 제조자가 명시하는 수치

다양성이 허용된다면(이 특성이 결정적으로 제품 성능에 영향을 줄 수 있더라도), 반드시 명시될 필요가 없는 제품 특성이 있다.

표준은 제조자가 자유롭게 선택하는 모든 특성을 열거할 수 있지만, 그 수치는 제조자가 명시하여야 한다. 명시하는 방법은 여러 가지 형태(명판, 라벨, 동봉문서 등)가 가능하다.

복잡한 제품일 경우, 관련 시험 방법이 정의됐다는 조건에서, 제조자가 제공하여야 할 성능 데이터(제품 정보) 목록에 성능 요구사항을 포함하는 것이 권장된다.

치수 자체를 명시하는 대신에 제조자가 명시해야 하는 특성의 수치에 대한 요구사항이 보건 및 안전에 관련된 요구사항인 경우에는 허용되지 않는다.

1.6 하나 이상의 제품 치수에 대한 조정

만약 제시된 제품을 단일 치수로 표준화하는 것이 최종목표이고, 전 세계적으로 하나 이상의 널리 용인된 치수가 존재한다면 위원회 내에서 충분한 지지가 획득될 때 해당 위원회는 한 표준 내에 대체 가능한 제품 치수를 포함하도록 결정할 수 있다. 그러나 이런 경우에 대체 치수의 숫자를 최소한으로 줄이고 다음의 사항을 고려하도록 노력하여야 한다.

a) 관련 국가의 수나 해당 국가의 생산규모보다는 관련 제품 종류

의 국제무역 규모가 “전 세계적 사용”을 위한 기준으로서 작용한다.

b) 오직 합리적으로 예측가능한 미래에 전 세계적으로 사용될 수 있을 관행만 고려하여야 한다(**보기**: **5년** 혹은 그 이상).

c) 자원의 절약 및 에너지 보전과 같은 과학, 기술 또는 경제원칙에 기초한 관행이 우선되어야 한다.

d) 대안이 국제적으로 채택될 때마다 이들은 모두 같은 표준 내에 포함되어야 하고 서로 다른 대안 사이의 우선순위가 제시되어야 한다. 그리고 해당 우선순위에 대한 근거는 표준의 개요에 설명되어야 한다.

e) 해당 위원회에 의해 승인된 경우, 비 표준수의 사용이 허용되는 전환기간이 표시될 수 있다.

1.7 반복의 회피

제품과 관련된 어떠한 요구사항이라도 하나의 표준에서만 규정되어야 한다. 표준 명칭에 따라 요구사항을 다룬다.

어떤 분야의 경우, 제품 그룹에 적용 가능한 포괄적인 요구사항을 명시하는 표준을 제정하는 것이 바람직하다.

어떤 요구사항을 다른 여러 곳에서 적용하는 것이 필요하다면, 반복하여 서술하는 것보다는 인용하는 것이 바람직하다.

편의상, 다른 표준에 있는 요구사항을 반복하는 것이 유용하다면, 반복할 수 있다. 단, 이 반복이 단지 정보제공을 위한 것임을 분명히 하고, 요구사항이 반복된 표준에 참고 표시를 한다는 조건하에 가능하다.

2. 표준의 일관성 확보 방법

표준문서 전반에서 일관성이라는 목표를 달성하기 위해서는, 모든 표준의 본문은 KS A 0001(표준의 서식과 작성방법)의 관련 조항에 따라야 한다. 이는 특히 다음 사항과 관련이 있다.

2.1 표준화된 전문용어

- IEC 60050 (all parts), International Electrotechnical Vocabulary (available at http://www.electropedia.org에서 이용 가능)
- KS X 0001(모든 부), 정보기술－용어
- KS Q ISO/IEC 17000, 적합성평가－용어 및 일반원칙
- ISO/IEC Guide 2, Standardization and related activities — General vocabulary
- ISO/IEC Guide 99, International vocabulary of metrology — Basic and general concepts and associated terms (VIM)
- ISO Concept Database (available at <http://cdb.iso.org>)
  Terminology standards developed by individual ISO technical committees are listed in the ISO Catalogue under group 01.040 Vocabularies.

2.2 전문용어의 원칙 및 방법

- KS X ISO 704, 전문용어 연구－원칙과 방법
- ISO 10241－1 Terminological entries in standards － Part 1: General requirements and examples of presentation

2.3 양, 단위 및 기호

- KS A ISO 80000 (모든 부), 양 및 단위

- KS A IEC 80000 (모든 부), 양 및 단위
- KS C IEC 60027 (모든 부), 전기기술 분야에 사용되는 기호
- IEC 80000 (all parts), Quantities and units

2.4 약어

- KS X ISO 639 (모든 부), 언어명 표현코드
- KS X ISO 1951, 사전에 있는 항목의 표시/표현-요구사항, 권장사항 및 정보
- KS X 1500(모든 부), 국명 및 지명 코드

2.5 참고문헌

- ISO 690, Information and documentation — Guidelines for biblio-graphic references and citations to information resources

2.6 기술도면과 다이어그램

- KS A ISO 128(모든 부), 제도 – 표시의 일반원칙
- ISO 129 (all parts), Technical drawings – Indication of dimensions and tolerances
- KS A ISO 3098 (모든 부), 제품의 기술문서(TPD) – 문자 표기
- KS A ISO 6433, 제품의 기술문서(TPD) – 부품 번호
- ISO 14405 (all parts), Geometrical product specifications (GPS) — Dimensional tolerancing
- KS C IEC 61082-1, 전기공학 분야에서 사용되는 문서 준비 – 제1부: 규칙
- KS C IEC 61175, 산업시스템, 설비·장치 및 산업제품 – 신호 명칭
- KS C IEC 81346(모든 부), 산업시스템, 설비·장치 및 산업제품 – 구

성원리 및 참조 명칭

- ITSIG specification for the preparation and exchange of graphics, ISO
- ISO, DRG working instructions and directives, ISO
- Document preparation in the IEC, IEC, available at <http://www.iec.ch/standardsdev/resources/docpreparation/>

2.7 기술 문서화

- KS C IEC 61355-1, 설비, 시스템, 장비의 문서분류 및 지정-제1부: 규정 및 분류표
- KS X IEC 61360 (모든 부), 전기 부품용 상관 분류체계를 가진 표준 데이터 요소 유형
- ISO Catalogue에서 01.140.30(Documents in administration, commerce and industry)으로 분류된 기술의 문서화된 표준

2.8 그림기호, 공공정보기호 및 안전표지

- KS S ISO 3864 (모든 부), Graphical symbols — Safety colours and safety signs
- KS S ISO 7000, Database: Graphical symbols for use on equipment — Index and synopsis
- KS S ISO 7001, Graphical symbols — Public information symbols
- KS S ISO 7010, Graphical symbols — Safety colours and safety signs — Safety signs used in workplaces and public areas
- KS S ISO 9186 (all parts), Graphical symbols — Test methods
- ISO 14617 (all parts), Graphical symbols for diagrams
- KS S ISO 22727, Graphical symbols — Creation and design of public information symbols – Requirements

- KS S ISO 81714－1, Design of graphical symbols for use in the technical documentation of products － Part 1: Basic rules
- IEC 60417, Graphical symbols for use on equipment
- IEC 60617, Graphical symbols for diagrams
- KS S IEC 80416 (all parts), Basic principles for graphical symbols for use on equipment
- KS C IEC 81714－2, Design of graphical symbols for use in the technical documentation of products － Part 2: Specification for graphical symbols in a computer sensible form, including graphical symbols for a reference library, and requirements for their interchange
- KS A ISO/IEC Guide 74, Graphical symbols — Technical guidelines for the consideration of consumers' needs

2.9 한계, 조립 및 표면 특성

- ISO/TC 213(제품의 치수 및 형상 표시방법)에서 발간한 문서들(ISO Catalogue 참조)

2.10 표준수

- KS A ISO 3, 표준수－표준수 수열
- KS A ISO 17, 표준수 및 표준수 수열 사용 지침
- KS A ISO 497, 표준수 수열 및 더 끝맺음한 표준수 수열의 선택에 관한 지침
- KS C IEC 60063, Preferred number series for resistors and capacitors
- IEC Guide 103, Guide on dimensional coordination

2.11 통계적 방법

- KS Q ISO 3534(all parts), Statistics－Vocabulary and symbols
- ISO/IEC Guide 98－3, Uncertainty of measurement — Part 3: Guide to the expression of uncertainty in measurement (GUM:1995)
- Documents developed by IEC/TC 56, Dependability (see IEC Catalogue), and by ISO/TC 69, Applications of statistical methods (see ISO Catalogue).

2.12 환경조건과 연관시험

- ISO 554 : 1976, Standard atmospheres for conditioning and/or testing－Specifications
- ISO 558 : 1980, Conditioning and testing－Standard atmospheres －Definitions
- ISO 3205 : 1976, Preferred test temperatures
- ISO 4677－1 : 1985, Atmospheres for conditioning and testing－Determination of relative humidity－Part 1 : Aspirated psychrometer method
- ISO 4677－2 : 1985, Atmospheres for conditioning and testing－Determination of relative humidity－Part 2 : Whirling psychrometer method
- KS A ISO Guide 64, 제품표준에서 환경이슈를 다루기 위한 지침
- IEC Guide 106, Guide for specifying environmental conditions for equipment performance rating
- IEC Guide 109, Environmental aspects－Inclusion in electrotechnical product standards
- IEC/TC 104(Environmental conditions, classification and methods of test)에서 개발된 문서들

2.13 안전

- KS A ISO/IEC Guide 50, 안전 측면 - 어린이 안전을 위한 지침
- KS A ISO/IEC Guide 51, 안전 측면 - 표준에 안전 측면을 포함시키기 위한 지침
- IEC Guide 104, The preparation of safety publications and the use of basic safety publications and group safety publications

2.14 화학

- KS M ISO 78-2, 화학 표준을 위한 체계 - 화학 분석법

2.15 EMC(전자기 적합성)

- IEC Guide 107, Electromagnetic compatibility - Guide to the drafting of electromagnetic compatibility publications

2.16 적합성과 품질

- KS A ISO 9000, 품질경영시스템 - 기본사항 및 용어
- KS A ISO 9001, 품질경영시스템 - 요구사항
- KS A ISO 9004, 조직의 지속적 성공을 위한 경영 방식 - 품질경영 접근법
- KS A ISO 17050-1, 적합성평가 - 공급자 적합성 선언 - 제1부 : 일반 요구사항
- KS A ISO 17050-2, 적합성평가 - 공급자 적합성 선언 - 제2부 : 지원 문서
- KS A ISO/IEC Guide 23, 제3자 인증시스템을 위한 표준 적합성 표시 방법

- IEC Guide 102, Electronic components－Specification structures for quality assessment(Qualification approval and capability approval)

2.17 국제표준과 국제 발간물의 채택

- KS A ISO/IEC Guide 15, 표준 참조 원칙의 ISO/IEC 규약
- KS A ISO/IEC Guide 21－1, 국제표준 및 발간물의 지역 또는 국가 표준 및 발간물로의 채택－제1부: 국제표준의 채택
- KS A ISO/IEC Guide 21－2, 국제표준 및 발간물의 지역 또는 국가 표준 및 발간물로의 채택－제2부: 국제표준 이외의 국제발간물로의 채택

2.18 환경경영

- KS A ISO 14040, 환경경영－전과정 평가－원칙 및 기본구조
- KS A ISO 14044, 환경경영－전과정 평가－요구사항 및 지침

2.19 포장

- ISO Catalogue에서 그룹 55(Packaging and distribution of goods)로 분류된 표준

2.20 소비자 이슈

- KS AISO/IEC Guide 14, Purchase information on goods and services intended for consumers
- KS A ISO/IEC Guide 37, Instructions for use of products of consumer interest
- KS A ISO/IEC Guide 41, Packaging － Recommendations for addressing consumer needs

- KS A ISO/IEC Guide 46, Comparative testing of consumer products and related services – General principles
- KS A ISO/IEC Guide 74, Graphical symbols – Technical guidelines for the consideration of consumers' needs
- KS A ISO/IEC Guide 76, Development of service standards – Recommendations for addressing consumer issues

2.21 가이드

- How ISO/IEC Guides add value to international standards
- ISO/IEC Guide 71, Guidelines for standards developers to address the needs of older persons and persons with disabilities

3. 본문에 통합된 비고 및 보기 작성방법

〈용어와 정의〉

비고 (note)
본문, 그림, 표 등의 내용을 이해하기 위하여 없어서는 안 될 것이지만, 그 안에 직접 기재하면 복잡해지는 사항을 따로 기재하는 것

보기(example)
본문, 각주, 비고, 그림, 표 등에 나타내는 사항의 이해를 돕기 위한 예시

표준의 본문에 통합된 비고 및 보기는 표준을 사용하고 이해하는 데 도움을 주기 위한 추가적인 정보를 제공하기 위해서만 사용되어야 한다.

비고 및 보기에는 요구사항이나 해당 표준을 사용하는 데 필수적이라고 생각되는 어떠한 정보도 포함되어서는 안 된다.

보기 1 다음의 보기는 대응하는 비고와 함께 절로 구성하였다. 비고는 문서를 이해하는 데 도움이 되고자 추가정보를 포함하기 때문에 정확하게 작성되었다.

"각 라벨은 길이 25 mm에서 40 mm, 폭은 10 mm에서 15 mm로 한다."

비고 라벨의 크기는 주사기 눈금을 보는데 방해가 되지 않게 적절한 크기를 선택한다.

보기 2 다음의 비고는 각각 요구사항, 지침, 권고사항 및 허용사항을 포함하고, 이들이 "추가정보"를 제공하지 않기 때문에 부정확하게 작성되었다. 문제가 되는 부분을 밑줄로 표시하고, 괄호 안에 설명하였다.

비고 이러한 맥락에서 이 장은 별도의 문서로 <u>간주하여야 한다</u>. ("하여야 한다."는 요구사항을 구성한다).

비고 대안으로 ......하중에서 <u>시험</u>("시험"은 필수사항을 사용하는 지침의 형태로 표현된 요구사항을 구성한다).

비고 실험실이 큰 조직의 한 부서인 경우 조직은 상충되는 이해를 갖는 부서와 조직적인 장치는 ......<u>하는 것이 좋다</u>("하는 것이 좋다"는 권고사항을 구성한다).

비고 개인이 한 가지 이상 역할을 <u>수행할 수 있다</u>("할 수 있다"는 허용적 어조를 사용하여, 허용을 구성한다).

비고 및 보기는 되도록 이들이 언급된 절이나 항의 끝단 또는 문단 뒤에 위치하는 것이 좋다.

절이나 항에 하나의 비고만 존재한다면 **비고** 문장의 첫 번째 행의 맨 앞에 "비고"라는 단어를 우선적으로 배치하여야 한다. 동일한 절이나 항에 여러 개의 비고가 적용된 경우에는 "**비고** 1", "**비고** 2", "**비고** 3" 등으로 표시되어야 한다.

절 또는 항에 하나의 보기만 존재한다면 보기 문장의 첫 번째 행의 맨 앞에 "보기"라는 단어를 우선적으로 배치하여야 한다. 동일한 절이나 항 내에 여러 개의 보기가 존재하는 경우에는 "**보기** 1", "**보기** 2", "**보기** 3" 등으로 표시되어야 한다.

표준에서는 비고나 보기의 범위를 알 수 있도록 비고와 보기는 굵은 활자체로 표시되어야 한다. 동일한 절 또는 항에 **비고**와 **보기**가 함께 기재되는 경우 **보기**가 우선한다.

다음은 비고와 보기의 사례이다.

4.1 조직과 조직상황의 이해

조직은, 조직의 목적 및 전략적 방향과 관련이 있는 외부와 내부 이슈를, 그리고 품질경영시스템의 의도된 결과를 달성하기 위한 조직의 능력에 영향을 주는 외부와 내부 이슈를 정하여야 한다.

조직은 이러한 외부와 내부 이슈에 대한 정보를 모니터링하고 검토하여야 한다.

비고 1 이슈에는 긍정적, 부정적 요인 또는 고려해야 할 조건이 포함될 수 있다.
비고 2 국제적, 국가적, 지역적 또는 지방적이든 법적, 기술적, 경쟁적, 시장, 문화적, 사회적 및 경제적 환경에서 비롯된 이슈를 고려함으로써, 외부 상황에 대한 이해를 용이하게 할 수 있다.
비고 3 조직의 가치, 문화, 지식 및 성과와 관련되는 이슈를 고려함으로써,내부 상황에 대한 이해를 용이하게 할 수 있다.

다음의 보기에서 표현된 것과 같은 "미결 문단(Hanging paragraph)"은 그에 대해 언급하는 것이 불분명해질 우려가 있으므로 피하여야 한다.

보기 다음의 보기에서 표현된 미결 문단은 엄밀하게 말해 **5.1**과 **5.2**의 문단도 **5.**절에 포함되어 있기 때문에 "제5절"로써 독자적으로 구분될 수 없다. 이런 문제점을 피하기 위해 번호가 부여되지 않은 문단을 항인 "**5.1** 일반사항" 또는 다른 적당한 제목으로 구별할 수 있게 하고, 다음에 나타낸 현행 **5.1**과 **5.2**를 그에 따라 적절히 번호를 재부여해서 미결 문단을 다른 곳으로 이동시키거나, 또는 삭제할 필요가 있다.

올바르지 않음	올바름
5 지정 이 문장은 미결문단 설명을 위한 것입니다. } 미결 문단 이 문장은 미결문단 설명을 위한 것입니다. 이 문장은 미결문단 설명을 위한 것입니다. **5.1 Xxxxxxxxxxx** 이 문장은 미결문단 설명을 위한 것입니다. **5.2 Xxxxxxxxxxx** 이 문장은 미결문단 설명을 위한 것입니다. 이 문장은 미결문단 설명을 위한 것입니다. 이 문장은 미결문단 설명을 위한 것입니다. 이 문장은 미결문단 설명을 위한 것입니다. **6 시험 성적서**	**5 지정** **5.1 일반사항** 이 문장은 미결문단 설명을 위한 것입니다. 이 문장은 미결문단 설명을 위한 것입니다. 이 문장은 미결문단 설명을 위한 것입니다. **5.2 Xxxxxxxxxxx** 이 문장은 미결문단 설명을 위한 것입니다. **5.3 Xxxxxxxxxxx** 이 문장은 미결문단 설명을 위한 것입니다. 이 문장은 미결문단 설명을 위한 것입니다. 이 문장은 미결문단 설명을 위한 것입니다. 이 문장은 미결문단 설명을 위한 것입니다. **6 시험 성적서**

4. 본문에 속한 각주 작성방법

〈용어와 정의〉

각주(footnote)
본문, 비고, 그림, 표 등의 안에 있는 일부의 사항에 각주번호를 붙이고, 그 사항을 보충하는 내용을 해당하는 쪽의 맨 아래 부분에 따로 기재하는 것

본문에서의 각주는 추가적인 정보를 제공하며 그들의 사용은 최소한도에 그쳐야 한다. 각주에는 요구사항이나 그 표준을 사용하는 데 필수적이라고 생각되는 어떠한 정보도 포함시켜서는 안 된다.

그림 및 표에서의 각주는 다른 규칙을 따른다(본 부록 표, 그림 작성방법 참조).

본문에서의 각주는 관련 쪽 **문장**의 하단부에 배치시키고 해당 쪽의 왼쪽에 짧고 가는 수평선을 그어 본문과 분리시켜야 한다.

본문에서의 각주는 통상적으로 1부터 시작하여 뒤에 한쪽 괄호기호를 붙이고, 전 표준에서 연속적인 일련의 숫자배열을 이루는 아라비아 숫자[즉, 1), 2), 3) 등]로 구별시켜야 한다. 각주는 해당 단어 혹은 문장 뒤에 위첨자로 표시된 동일 번호를 삽입하여 본문 내에서 관련시켜야 한다(즉, [1)], [2)], [3)] 등).

위첨자로 된 숫자와 혼동되는 것을 회피하여야 할 경우 등 특정한 상황에서는 하나 혹은 그 이상의 별표 및 다른 적절한 기호를 대신 사용하여도 된다(즉, *, **, ***, 등, 또는 †, ‡ 등).

각주의 내용이 많아 해당 쪽에 모두 넣기 어려운 경우, 다음 쪽으로 분할하여 배치시켜도 된다.

다음은 각주의 사례이다.

국제일치표준
기술적 내용이 원국제표준과 동등[1]하고, 표준의 구성이 원국제표준과 대응하도록 한국어로 번역하여

---

1) 원국제표준에서 받아들이는 것은 한국산업표준에서도 모두 받아들여지고, 그 반대의 경우도 이것이 성립하는 상태.
   국제일치표준에서 다음에 나타내는 편집상의 변경은 원국제표준의 기술적 내용의 변경에는 해당하지 않는다.
   a) 소수점을 나타내는 반점/쉼표(,)를 온점/마침표(.)로 변경한다.
   b) 오류의 수정(보기를 들면, 탈자) 또는 쪽을 변경한다.
   c) 다언어판 국제표준에서 1언어판 또는 복수언어판을 삭제한다.
   d) 국제표준에 대하여 발행된 서술에 관한 정오표 또는 수정표를 포함시킨다.
   e) 기존의 국제표준의 계열에 일치한 명칭으로 변경한다.
   f) "이 국제표준"을 "이 표준"으로 바꾼다.
   g) 국가의 참고자료(보기를 들면, 국제표준의 조항을 변경하거나 추가하거나 삭제하거나 하지 않은 참고 부속서)를 추가한다.
   h) 국제표준에서 참고로서의 예비적 자료는 삭제한다.
   i) 국제표준을 하나의 공용어로 채용하는 데 있어서 국제표준을 채용하는 국가에서 사용되고 있는 공통언어로 하기 위하여 하나의 단어 또는 문구를 국가표준 중에서 동의어로 바꾼다.
   j) 다른 측정시스템이 사용되고 있는 국가의 경우, 재계산한 양의 단위를 참고로 추가한다.

5. 본문의 문장 말미형태

5.1 요구사항에 대한 문장말미의 형태

요구사항에 대한 문장말미의 형태는 표준에 적합하기 위해서 그리고 벗어남을 허용하지 않게 하기 위해서 엄격하게 요구사항들을 지시하도록 사용되어야 한다.

비고 오직 단수의 형태만을 나타낸다.

<table>
<tr><th>문장말미의 형태</th><th>예외적인 경우에 사용하기 위한 대등한 표현법</th></tr>
<tr><td>~하여야 한다.
(shall)</td><td>~한다(is to).
~이 요구된다(is required to).
~할 것이 요구된다(it is required that).
~이어야 한다(has to).
~오직 ...만이 허용된다(only ... is permitted).
~이 필요하다(it is necessary).</td></tr>
<tr><td>~하여서는 안 된다.
(shall not)</td><td>~은 허가[허용][수용][인정]되지 않는다.
[is not allowed(permitted) (acceptable) (permissible)]
~하지 않을 것이 요구된다(is required to be not).
~이지 않아야 한다(is required that ... be not).
~이어서는 안 된다(is not to be).</td></tr>
<tr><td colspan="2">"~하여야 한다(shall)"는 표현 대신에 "반드시 ~하여야 한다(must)"의 표현을 사용하지 않는다. 이것은 외부 법률규정과 표준의 요구사항 사이에서 어떠한 혼동도 피하기 위한 것이다.
금지사항을 표현하기 위해서 "~하여서는 안 된다(shall not)" 대신에 "~하지 않는 것이 좋다(may not)"를 사용하지 않는다.
직접적인 지시사항을 표현하기 위해서는 보기를 들면 시험방법에서 채택된 단계에 관련하여 명령법을 사용한다.
보기 "녹음기를 켤 것"</td></tr>
</table>

5.2 권고사항에 대한 문장말미의 형태

권고사항에 대한 문장말미의 형태는 다음과 같은 경우에 사용되어야 한다.

① 여러 가능성 있는 대상 중에서 다른 것을 언급하거나 배제시키지 않고 특별히 적합한 하나의 대상을 지정할 경우,

② 어떤 시행요령이 필수적으로 필요한 것은 아니지만 선호될 경우,

③ (부정적 형식으로 보면) 특정한 가능성이나 시행요령이 금지된 것은 아니지만 피하는 것이 좋을 경우.

문장말미의 형태	예외적 경우에 사용하기 위한 대등한 표현법
~하는 것이 좋다. ~하여야 할 것이다. (should)	~하는 것이 권고된다(it is recommended that). ~하는 것이 바람직하다(ought to).
~하지 않는 것이 좋다. ~하지 않아야 할 것이다. (should not)	~하지 않을 것이 권고된다(it is not recommended that). ~하지 않는 것이 바람직하다(ought not to).

5.3 허용에 대한 문장말미의 형태

허용에 대한 문장말미의 형태는 해당 표준의 한계 내에서 허용되는 시행요령을 지시하는 데 사용되어야 한다.

<table>
<tr><th>문장말미의 형태</th><th>예외적 경우에 사용하기 위한 대등한 표현법</th></tr>
<tr><td>~해도 된다.
(may)</td><td>~가 용인된다(is permitted).
~가 허용된다(is allowed).
~해도 무방하다(is permissible).</td></tr>
<tr><td>~할 필요가 없다.
(need not)</td><td>~하지 않아도 좋다(it is not required that).
~하지 않아도 된다(no ... is required).</td></tr>
<tr><td colspan="2">위 문맥에서는 "가능하다(possible)" 또는 "불가능하다(impossible)"를 사용하지 않는다.
위 문맥에서 "~해도 된다(may)" 대신에 "~할 수 있다(can)"를 사용하지 않는다.
비고 "~해도 된다(may)"는 해당 표준에서 표현된 허용을 의미하는 반면, "~할 수 있다(can)" 는 해당 표준에서 사용자의 능력, 또는 해당자에게 가능성의 개방을 의미한다.</td></tr>
</table>

5.4 실현성 및 가능성에 대한 문장말미의 형태

실현성 및 가능성에 대한 문장말미의 형태는 물질적, 물리적 또는 인과적 사항을 불문하고 실현성과 가능성을 설명하는 데 사용되어야 한다.

문장말미의 형태	예외적 경우에 사용하기 위한 대등한 표현법
~할 수 있다. (can)	~할 능력이 있다(be able to). ~할 가능성이 있다(there is a possibility of). ~가 가능하다(it is possible to).
~할 수 없다. (can not)	~할 능력이 없다(be unable to). ~할 가능성이 없다(there is no possibility of). ~가 불가능하다(it is not possible to).
비고 표 3의 비고를 참조한다.	

6. 본문의 그림 작성방법

그림은 쉽게 이해할 수 있는 형태로 정보를 표현하기 위한 가장 효율적인 방법일 경우에 그림이 사용되는 것이 좋다. 본문 내에서 각 그림을 명확하게 참조할 수 있어야 한다.

그림은 선으로 그린 그림(line drawing) 형태이어야 한다. 사진은 선으로 그린 그림으로 변형하는 것이 불가능할 때만 사용될 수 있다. 그림은 컴퓨터로 생성된 삽화가 제공되어야 한다.

그림은 "**그림**"으로 호칭되어야 하고, 1부터 시작하는 아라비아 숫자로 번호가 부여되어야 한다. 여기서 부여된 번호는 그 절과 모든 표에 부여된 번호와 독립적이어야 한다.

그림이 하나만 있을 때도 "**그림 1**"로 호칭되어야 한다. 그림의 호칭 및 제목(존재할 때)은 그림의 아래에 수평으로 중앙에 위치시키고 다음과 같이 배치되어야 한다.

그림 # - 장치의 상세

그림의 호칭과 제목은 줄표(-)로 분리되어야 한다.

그림이 몇 장에 걸쳐 연속될 때에는 다음과 같이 그림의 호칭을 반복하고 뒤에 제목(선택적임)과 "(계속)"을 이어 붙이는 것이 유용하다.

그림 # - (계속)

*** 그림의 번호부여는 개요 및 표준본문(머리말, 부속서 제외)을 통해서 일련번호로 한다.**

그림의 비고는 본문에 통합된 비고와 독립적으로 취급되어야 한다. 그림의 비고는 관련된 그림의 호칭 위에 배치되어야 하고 그림 각주의 앞에 위치되어야 한다. 그림에 하나의 비고만이 존재할 때는 비고 문장의 첫 번째 행의 도입부에 "**비고**"를 선행하여 배치시켜야 한다. 같은 그림에 여러 개의 비고가 있을 경우에는 "**비고** 1", "**비고** 2", "**비고** 3" 등으로 나타내어야 한다. 각각의 그림에서는 분리된 번호부여 체계가 사용되어야 한다.

그림의 비고에는 요구사항 또는 표준을 사용하는 데 필수적이라 생각되는 어떠한 정보도 포함되어서는 안 된다. 그림의 내용과 연관된 모든 요구사항은 본문, 그림의 각주 또는 그림과 그림 제목 사이의 문단으로 제시되어야 한다. 그림에 비고가 참조될 필요는 없다.

그림의 각주는 본문의 각주와 독립적으로 취급되어야 한다. 그림의 각주는 해당 그림의 호칭 바로 위에 배치되어야 한다.

그림의 각주는 "a"부터 시작하는 위첨자 형태의 소문자로 구분되어야 한다. 각주는 같은 위첨자 형태의 소문자를 삽입하여 그림에서 언급되어야 한다.

그림의 각주는 요구사항을 포함하여도 된다. 결과적으로, 그림의 각주 문장을 작성할 때 적절한 문장 말미의 형태를 사용하여 서로 다른 형식의 조항을 명확히 구별하는 것이 특히 중요하다.

다음의 보기는 올바르지 않게 작성된 그림을 올바르게 수정한 사례이다.

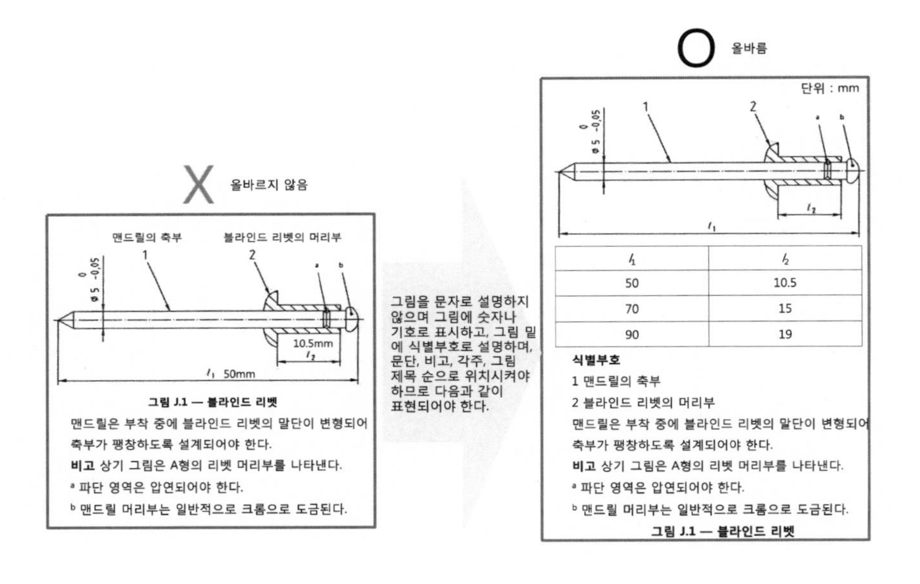

그림을 표현할 때 유의사항은 다음과 같다.

① 그림 자체에 문자로 표현하지 않는다. 그림에는 숫자나 기호로 표시하고 그림 밑에 별도로 식별부호로 설명한다.
② 길이는 기울임체 기호로 *l*1, *l*2, *l*3 등을 사용한다.
③ 식별부호는 그림 밑에 위치시킨다.
④ 그림의 문단은 식별부호 밑에 기술한다.
⑤ 비고는 문단 밑에 위치시킨다.
⑥ 각주는 비고 밑에 위치시킨다.

⑦ 그림의 제목은 각주 밑에 보기와 같은 표현으로 위치시킨다.

보기 그림 # – 그림명칭

⑧ 단위가 동일할 때에는 그림 우측 상단에 표시한다.

*** 그림의 문단과 각주에는 요구사항을 포함시킬 수 있다.**

7. 본문의 표 작성방법

표는 쉽게 이해할 수 있는 형태로 정보를 표현하는 데 가장 효율적인 방법일 때 사용되는 것이 좋다. 본문 내에서 각 표를 명확하게 참조할 수 있어야 한다.

표 안에 표를 삽입하는 것은 허용되지 않는다. 표를 하위 표로 세분하는 것도 허용되지 않는다. 표는 "표"라고 호칭되어야 하고, 1에서 시작하는 아라비아 숫자로 번호가 부여되어야 한다.

이 번호부여는 다른 그림이나 절의 번호부여와는 독립적이어야 한다. 단일의 표는 "표 1"로 호칭되어야 한다. 표의 호칭 및 제목(있는 경우)은 표 위에 수평으로 중앙에 위치시키고, 다음과 같이 배치되어야 한다.

표 # - 기계적 특성

표의 호칭과 제목은 줄표(-)에 의해 구분되어야 한다.

*** 표의 번호부여는 개요 및 표준본문(머리말, 부속서 제외)을 통해서 일련번호로 한다.**

각 행이나 열에서 도입부의 첫 번째 단어는 대문자로 시작되어야(영문의 경우) 한다. 주어진 행에서 사용된 단위는 일반적으로 행 도입부 아래에 표시되어야 한다.

단위가 다른 경우 **행 아래 단위 표시**

형식	선밀도 kg/m	안지름 mm	바깥지름 mm

각 행이나 열에서 도입부의 첫 번째 단어는 대문자로 시작되어야(영문의 경우) 한다.
주어진 행에서 사용된 단위는 일반적으로 행 도입부 아래에 표시되어야 한다.

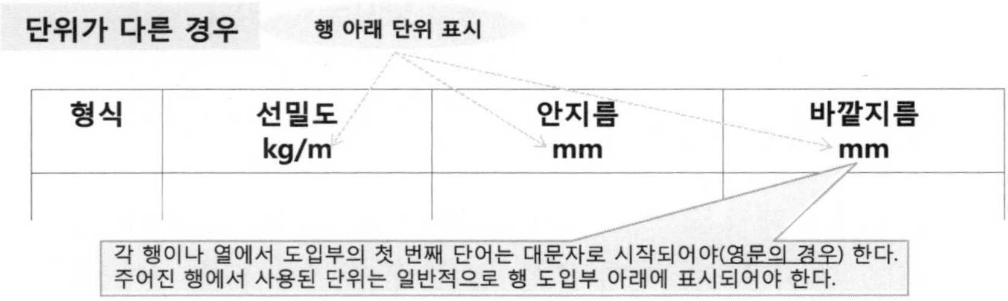

이 규칙의 예외사항으로서, 모든 단위가 동일한 경우에는 단위가 각 행에 표시되지 않고 표의 오른쪽 상단에 적절한 설명(보기를 들어, “단위: mm”)이 배치되어야 한다.

단위가 동일한 경우 **표 우측 상단에 단위 표시**

(단위: mm)

형식	길이	안지름	바깥지름

모든 단위가 동일한 경우에는 단위가 각 행에 표시되지 않고 표의 오른쪽 상단에
적절한 설명(보기를 들어, “단위: mm”)이 배치되어야 한다.

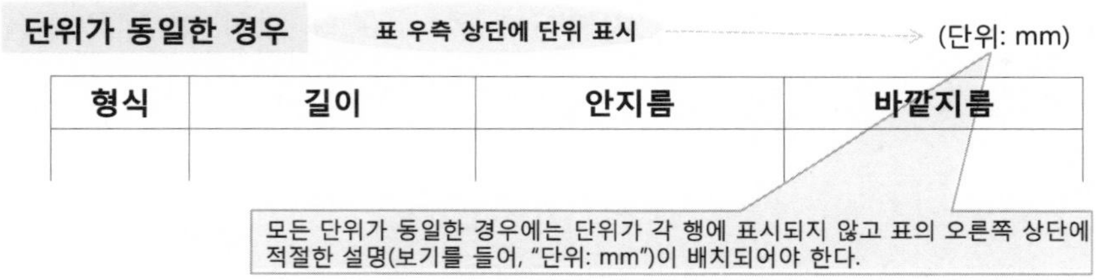

표가 몇 장에 걸쳐 연속될 때에는 다음과 같이 표의 호칭을 반복하고 뒤에 표의 제목(선택적임)과 “(계속)”을 이어 붙이는 것이 유용하다.

표 # – (계속)

다음의 보기 1과 같은 표의 표현은 허용되지 않으며, 보기 2와 같은 형태로 변경되어야 한다.

보 기 1

치수 \ 형식	A	B	C

보기 1과 같은 표의 표현은 허용되지 않으며, 보기 2와 같은 형태로 변경되어야 한다.

보 기 2

치수	형식		
	A	B	C

표의 비고는 본문에서 통합된 비고와는 독립적으로 취급되어야 한다. 표의 비고는 관련 표의 틀 내부에 배치되고 표의 각주 앞에 위치하여야 한다. 표에 하나의 비고만 있을 때는 앞에 "비고"를 배치하며 비고 본문의 첫 번째 줄의 도입부에 놓는다. 동일 표에 여러 개의 비고가 있을 때에는 각 비고를 "**비고** 1", "**비고** 2", "**비고** 3" 등으로 나타낸다. 각 표마다 분리된 번호부여 방식이 적용되어야 한다.

표의 비고는 요구사항이나 해당 표준을 사용하는 데 필수적으로 고려될 어떠한 정보도 포함시켜서는 안 된다. 표의 내용과 관련된 모든 요구사항은 본문이나 표의 각주 또는 표 내부의 문단으로 제시되어야 한다. 표에 비고가 참조될 필요는 없다.

표의 각주는 본문의 각주와는 독립적으로 취급되어야 한다. 표의 각주는 관련된 표의 틀 내부에 배치되어야 하고 표의 아랫부분에 표시되어야 한다. 표의 각주는 "a"부터 시작되는 위첨자 형태의 소문자로 구분되어야 한다. 각주는 동일한 위첨자 형태의 소문자를 사용하여 표에서 언급되어야 한다. 표의 각주는 요구사항을 포함하여도 된다. 결과적으로, 표의 각주 문장을 작성할 때는 적절한 문장말미의 형태를 사용하여 서로 다른 형식의 규정을 명백하게 구별하는 것이 특히 중요하다.

형식	길이	안지름	바깥지름
	l_1 [a]	d_1	
	l_2	d_2 [b,c]	

요구사항이 포함된 문단
비고 1 표 비고
비고 2 표 비고

표의 비고는 관련 표의 틀 내부에 배치되고 표의 각주 앞에 위치하여야 한다. 여러 개의 비고가 있을 때에는 각 비고를 "**비고** 1", "**비고** 2", "**비고** 3" 등으로 나타낸다.
표의 비고는 요구사항이나 해당 표준을 사용하는 데 필수적으로 고려될 어떠한 정보도 포함시켜서는 안 된다.

[a] 표 각주
[b] 표 각주
[c] 표 각주

표의 각주는 본문의 각주와는 독립적으로 취급되어야 한다.
표의 각주는 "a"부터 시작되는 위첨자 형태의 소문자로 구분되어야 한다.
표의 각주는 요구사항을 포함하여도 된다.

다음의 보기는 올바르지 않게 작성된 표를 올바르게 수정한 사례이다.

보기

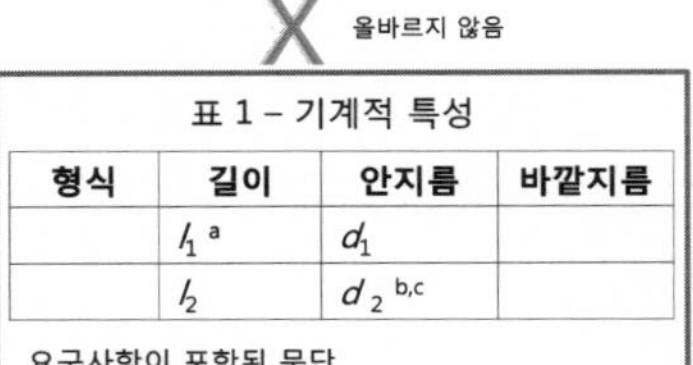

표의 제목은 표 위쪽 중앙에 위치시키고, 표의 문단, 비고, 각주는 표 안에 위치시켜야 하므로 다음과 같이 작성되어야 한다.

O 올바름

표 1 – 기계적 특성

형식	길이	안지름	바깥지름
	l_1 [a]	d_1	
	l_2	d_2 [b,c]	

요구사항이 포함된 문단
비고 1 표 비고
비고 2 표 비고

[a] 표 각주
[b] 표 각주
[c] 표 각주

표를 작성할 때 유의해야 할 사항은 다음과 같다.

- ▶ 표의 제목은 표의 위쪽 중앙에 위치시킨다.
- ▶ 표의 문단, 비고, 각주는 표 안에 위치시킨다.
- ▶ 표의 각주에 요구사항을 포함할 수 있다.

8. 본문의 참조 작성방법

일반적인 규칙으로, 원래의 출처 자료를 반복하기보다는 특정한 본문의 한 부분에 대한 참조를 사용하여야 한다. 왜냐하면, 이와 같은 반복은 오류나 모순의 위험성을 내포하고 있으며 표준의 길이를 길게 만들 수 있기 때문이다. 그러나 해당 자료를 반복할 필요가 있다고 생각될 때에는 그의 출처가 명확하게 식별되어야 한다.

8.1 본문 전체에 대한 문서의 참조

표준, 기술시방서(TS), PAS, 기술보고서(TR), 또한 가이드와 같은 관계된 문서 형식의 기능처럼 어법은 변경되어야 하고, 각 문서에서는 "이 표준"이라는 표현이 사용되기도 한다.

분리된 부로 발행된 표준에서는 다음의 형식이 사용되어야 한다.

- "KS X ISO/IEC 2382의 이번 부"(한 부만을 참조)
- "KS C IEC 60335"(일련의 부 전체를 참조)

8.2 본문 요소에의 참조

보기를 들면, 다음의 형태를 사용한다.

- "3과 일치되도록"
- "3.1에 따라서"
- "3.1 b)에 규정된 대로"
- "3.1.1에서 제시된 세부사항"
- "**부속서** B 참조"
- "B.2에서 제시된 요구사항"
- "**표** 2의 **비고** 참조"
- "**부속서** J.3의 **보기** 2 참조"
- "3.1의 식(3) 참조"

"항"이라는 용어를 사용할 필요는 없다.

8.3 그림 및 표의 참조

표준에 포함된 모든 그림 및 표는 일반적으로 본문 내에서 참조되어야 한다.

보기를 들면, 다음의 형식을 사용할 수 있다.

- "**그림** A.6에서 나타낸"
- "(**그림** 3 참조)"
- "**표** 2에서 주어진"
- "(**표** B.2 참조)"

8.4 다른 표준의 참조

다른 표준의 인용은 일자가 명시되거나 또는 명시되지 않아도 된다. 모든 인용표준은 일자가 명시되었든 않았든 간에 "인용표준"절에 제시되어야 한다.

8.4.1 일자가 명시되지 않은 참조

일자가 명시되지 않은 인용은 전체 표준이나 그 표준의 한 부를 참조할 때에만 적용되고, 다음의 경우에만 가능하다.

a) 인용하는 표준의 목적을 위한 참조문서의 모든 추후 변경사항을 이용할 수 있도록 허용된 경우

b) 참고 인용의 경우

일자가 명시되지 않은 참조는 참조된 문서의 추록과 개정판을 포함하는 것으로 간주되어야 한다.

다음의 형식을 사용한다.

- "... KS A ISO 128-21 및 KS A ISO 31...에서 규정된 대로..."
- "... KS C IEC 60027 참조..."

8.4.2 일자가 명시된 참조

일자가 명시된 참조는 다음 사항의 참조를 의미한다.

a) 발행연도가 표시된 특정 발행본

b) 대시(-)에 의해 표시된 최종 KS안

보충적인 추록이나 개정본이 있는 경우, 일자가 명시된 참조는 그것에 관련하는 표준의 추록과 결합할 필요가 있다.

비고 이 문맥에서 한 부는 분리된 한 표준으로 간주된다.

특정한 구분이나 세부 구분의 인용에서 다른 표준의 표 및 그림에는 항상 일자가 명시되어 있어야 한다.

다음의 형태를 사용한다.

- "... KS C IEC 60068-1 : 2001에서 제시된 시험을 수행하여..."(발행된 표준의 일자가 기입된 인용)
- "... KS R ISO 12345 : -, 제3절에 따라..."(최종 KS안의 일자가 기입된 인용)
- "... KS R IEC 64321-4 : 2001, 표 1에서 서술된 대로..."(다른 발행 표준에 있는 특정 표의 일자가 기입된 인용)

9. 숫자와 수치의 표시방법

모든 언어본에서 소수 부호는 그 선상에서 온점(.)을 사용하여야 한다.

만약 1보다 작은 수가 소수 형태 안에서 사용된다면, 그 소수 부호는 0이 앞서 있어야 한다.

보기 0.001

연도를 지시하는 4자리 숫자를 제외하고는 소수 부호의 왼쪽이나 오른쪽으로 읽는 세 자리 아라비아 숫자로 이루어진 각 묶음은 공백을 두어서 앞의 숫자와 뒤의 숫자를 각각 구분하여야 한다.

보기 23 456 1 234 2.345 2.345 6 2.345 67 그러나 1997년이라는 연도는 예외임.

명확성을 위해, 숫자 및 수치의 곱셈을 표시할 때에는 점(point)보다는 기호 ×를 사용하여야 한다.

보기 1.8×10^{-3}로 쓴다($1.8\ .\ 10^{-3}$ 또는 $1.8\cdot10^{-3}$가 아님).

10. 양, 단위, 기호 및 부호 표시방법

KS A ISO 31에서 제시된 국제단위계(SI)가 사용되어야 한다. 양에 대한 기호는 가능한 한, KS A ISO 31 및 KS C IEC 60027의 여러 부에서 선택되어야 한다. 적용에 대한 추가적인 지침으로 KS A ISO 1000을 참조한다.

어떠한 값이라도 표현되는 단위는 표시되어야 한다.

도, 분, 초(평면각의 경우)에 대한 단위 기호는 수치 바로 뒤에 위치되어야 하며, 모든 다른 단위 기호는 공백을 앞에 두어야 한다.

수학적 부호 및 기호는 KS A ISO 31－11에 따라야 한다.

다음은 단위 사용 시 유의해야 할 사항을 정리한 것이다.

- ✓ "10 mm에서 20 mm"로 쓰며, "10에서 20 mm" 또는 "10 – 20 mm"로 쓰지 않는다.
- ✓ "0℃에서 10℃"로 쓰며, "0에서 10℃" 또는 "0 – 10℃"로 쓰지 않는다.
- ✓ "24 mm×36 mm"로 쓰며, "24 ×36 mm" 또는 "(24 ×36) mm"로 쓰지 않는다.
- ✓ "23℃±2℃" 또는 "(23 ± 2)℃로 쓰며, "23 ± 2℃"로 쓰지 않는다.
- ✓ "(60 ±3) %"로 쓰며, "60 ±3 %" 또는 "60 % 3 %"로 쓰지 않는다.
- ✓ "시간당 킬로미터"나 "km/h"로 쓰며, "시간당 km"나 "킬로미터/시간"으로 쓰지 않는다.
- ✓ 초의 단위로 "s"로 쓰며, "sec"로 쓰지 않는다.
- ✓ 분의 단위로 "min"을 쓰며, "mins"로 쓰지 않는다.
- ✓ 시간의 단위로 "h"로 쓰며, "hrs"로 쓰지 않는다.
- ✓ 세제곱센티미터(cubic centimetre)의 단위로 "cm^3"로 쓰며, "cc"로 쓰지 않는다.
- ✓ 리터 단위로 "l"로 쓰며, "lit"로 쓰지 않는다.
- ✓ 암페어의 단위로 "A"로 쓰며, "amps"로 쓰지 않는다.
- ✓ 분당 회전수는 "r/min"로 쓰며, "rpm"으로 쓰지 않는다.
- ✓ "U_{max} = 500 V"로 쓰며, "U = 500 V_{max}"로 쓰지 않는다.
- ✓ "질량분율 5 %"로 쓰며, "5 % (*m*/*m*)"로 쓰지 않는다.
- ✓ "부피분율 7 %"로 쓰며, "7 % (*V*/*V*)"로 쓰지 않는다.
- ✓ "질량분율은 4.2 g/g" 또는 "질량분율은 4.2 10^{-6}"로 쓰며, "질량분율은 4.2 ppm"로 쓰지 않는다.
- ✓ "상대불확도(relative uncertainty)는 6.7 10^{-12}"로 쓰며, "상대불확도는 6.7 ppb"로 쓰지 않는다.

11. 수학적 공식

11.1 방정식

양 사이의 방정식은 수치 사이의 방정식보다 우선된다. 방정식은 수학적으로 정확한 형태로 표현되어야 하고, 변수는 문자기호로 표시되며, "기호와 약어"절에서 그 의미가 표시되지 않았다면 식과 연결지어서 설명되어야 한다.

다음의 **보기 1**에서 표현된 형식을 따라야 한다.

보기 1

$$V = \frac{l}{t}$$

여기에서

V : 등속운동 시의속도(km/h)

l : 이동 거리(m)

t : 걸린 시간(s)

예외적으로, 수치 사이의 방정식이 사용된다면 다음의 **보기 2**에서 나타낸 형식을 따라야 한다.

보기 2

$$V = 3.6 \times \frac{l}{t}$$

여기에서

V : 등속운동 시의속도(km/h)

l : 이동 거리(m)

t : 걸린 시간(s)

11.2 수식의 표현

수식의 표현에 대한 지침이 ISO eServies 지침서 및 IEC에서의 정보기술 수단의 사용에 대한 지침서 - IEC IT 사용지침서(IEC IT Tools Guides)에 제시되어 있다. 가능한 한 1단계 이상의 아래첨자나 위첨자를 가지고 있는 기호(**보기 1** 참조)는 사용하지 않으며, 또한 2줄 이상의 형태(**보기 3** 참조)로 인쇄물에 포함된 모든 기호 및 식도 마찬가지이다.

보기 1 $D_{1,}$ $_{max}$ 보다는 $D_{1,max}$ 를 사용하는 것이 바람직하다.

보기 2 본문 내에서는 $\frac{a}{b}$ 보다는 a/b 를 사용하는 것이 바람직하다.

보기 3 수식을 표현할 때에는 $\frac{\sin\left[\frac{(N+1)\varphi}{2}\right]\sin\left(\frac{N\varphi}{2}\right)}{\sin\left(\frac{\varphi}{2}\right)}$ 보다는

$\frac{\sin[(N+1)\varphi/2]\sin(N\varphi/2)}{\sin(\varphi/2)}$ 의 형식을 사용할 것

11.3 번호 부여

상호참조의 편의를 위해 표준 내의 모든 공식 또는 일부에 대해 번호를 붙여야 할 필요가 있다면 1부터 시작되는 아라비아 숫자에 괄호를 붙여 사용하여야 한다.

$$x^2 + y^2 < z^2 \qquad (1)$$

번호 부여는 연속적이어야 하고 절, 표 및 그림의 번호부여 체계와 독립적이어야 한다. 수식의 세분[**보기** : (2a), (2b) 등]은 허용되지 않는다.

11.4 수치, 치수 및 공차

수치 및 치수는 최소치 또는 최대치로 표시되어야 하고, 그들의 공차가 명확한 방식으로 명시되어야 한다.

보기 1 80 mm×25 mm×50 mm (80×25×50 mm는 허용불가)

보기 2 80 F±2 F 또는 (80±2) F

보기 3 80^{+2}_{0} (80^{+2}_{-0} 은 허용불가)

보기 4 80 mm $^{+50}_{-25}$

보기 5 10 kPa에서 12 kPa까지(10에서 12 kPa까지, 또는 10−12 kPa은 허용불가)

보기 6 0℃에서 10℃까지(0에서 10℃까지, 또는 0−10℃는 허용불가)

오해를 방지하기 위해 백분율로 표현된 수치에 대한 허용오차는 수학적으로 정확한 형태로 표현되어야 한다.

보기 7 범위를 나타내기 위해서는 "**63 %**부터 **67 %**까지"의 형태로 기록한다.

보기 8 공차값과 함께 중심치를 표현하고자 할 때에는 "**(65±2) %**"의 형태로 쓴다.

"**65±2 %**"의 형태는 사용되어서는 안 된다.

정도(degree)는 소수점으로 구분되어도 좋다. 보기를 들어, **1715**보다는 **17.25**로 기록한다.

수학적 공식과 표현에서 행바꿈은 KS A ISO 80000−2에 따른다.

다음의 보기는 올바르지 않게 작성된 행바꿈을 올바르게 수정한 사례이다.

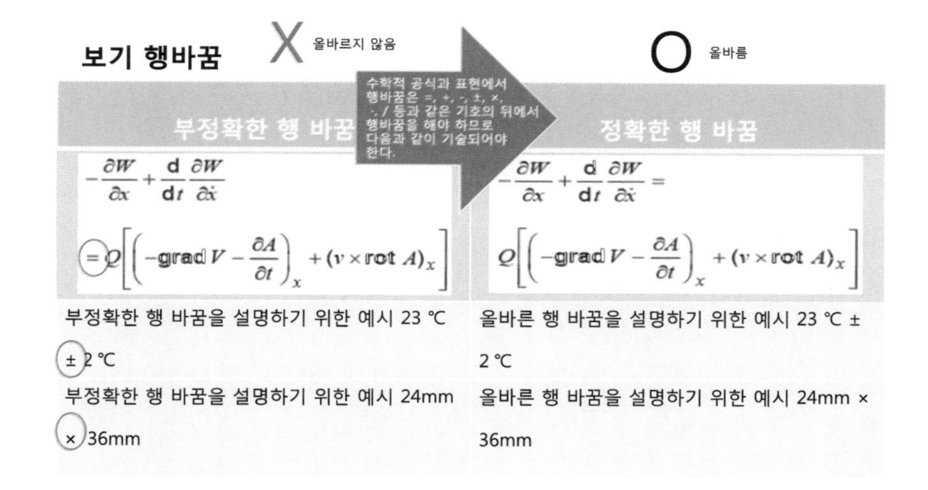

12. 문장 쓰는 방법

문장을 쓰는 방법은 다음에 따른다.

a) 문장은 한글로 한다.
a) 문체는 문장 구어체로 한다.
b) 쓰는 방법은 왼쪽 가로쓰기로 조항쓰기 한다.

12.1 전문 용어

전문 용어는 용어에 관한 한국산업표준에 규정되어 있는 용어, 해당 표준과 관련된 한국산업표준에서 규정하는 용어 및 학술용어집에 기재되어 있는 용어를 그 순위에 따라 사용한다.

새로운 용어를 정하는 경우에는 그 개념의 명확화를 꾀하여 정의를 하고 그 정의에 대응하는 적절한 용어를 선정한다.

그리고 외래어를 용어로 채용하는 것은 그것이 일반적으로 도입되어 있는 것이 아닌 한 피한다.

국제표준을 기초로 해서 표준을 작성하는 경우 역어의 작성에 있어서도 위의 규정을 적용한다. 이 경우에는 최초의 부분에서 원어를 괄호쓰기로 병기한다. 그 이후에는 병기하지 않는다.

한글맞춤법에 따르면, "전문용어는 단어별로 띄어 씀을 원칙으로 하되, 붙여 쓸 수 있다."고 되어 있으므로, 둘 이상의 단어가 결합하여 하나의 단어, 곧 합성어로 사용되는 전문용어에 대하여는 붙여 쓴다.

보기 1 이 표준(KS A 0001)의 3. 용어와 정의에서 붙여 쓰기로 정한 용어
국제표준, 기술시방서, 기술보고서, 요구사항, 권장사항, 인용표준, 원국제표준, 국제일치표준, 대응국제표준, 관련표준, 제품표준, 시험방법표준, 용어표준 등

보기 2 다른 표준(KS A ISO 9000)에서 붙여 쓰기로 정한 용어
품질보증, 품질관리, 품질개선, 품질경영, 품질경영시스템 등

보기 3 붙여 쓰는 것이 편리한 용어(자주 사용되는 용어)
작성방법, 일반사항, 적용범위, 접근방법, 환경조건 등

12.2 한정, 접속 등에 사용하는 말

"이상" 및 "이하"와 "초과" 및 "미만"의 사용법은 다음에 따른다.

a) "이상" 및 "이하"는 그 앞에 있는 수치를 포함시킨다.
b) "초과" 및 "미만"은 그 앞에 있는 수치를 포함시키지 않는다.

비고 최대허용치 및 최소허용치를 나타내는 경우에는 각각 "최대" 및 "최소"를 사용한다.

"와(과)"와 "및"의 사용법은 다음에 따른다.

"와(과)"는 두 개의 용어를 연결할 때 사용한다. 다만, 두 개의 용어가 밀접한 관계를 갖거나 직접적인 관련성이 있는 경우에 한하며, 관련성이 없는 용어의 단순한 나열인 경우, "와(과)"로 연결하는 것이 어울리지 않는 경우에는 "및"을 사용하여도 좋다.

보기 용어와 정의

"및"은 병합의 의미로 병렬하는 어구가 세 개 이상일 때 그 접속에 사용한다. 처음을 쉼표로 구분하고 마지막 어구를 잇는 데 사용한다. 병렬하는 어구의 관계가 복잡한 경우에 한하여 "및"의 바로 앞에 쉼표를 삽입하여도 좋다.

보기 양, 단위 및 기호

"또는" 및 "혹은"의 사용법은 다음에 따른다.

a) "또는"은 선택의 의미로 병렬하는 어구가 두 개일 때 그 접속에 사용하고 세 개 이상일 때는 처음에 있는 것을 쉼표로 구분하고 마지막 어구를 연결하는 데 사용한다. 애매함을 피하기 위하여 "(이)나"를 사용하지 않는다. 병렬하는 어구의 관계가 복잡한 경우에 한하여 "또는" 바로 앞에 쉼표를 삽입하여도 좋다.
b) "혹은"은 선택의 의미로 "또는"을 사용하여 병렬한 어구를 다시 선택의 의미로 나눌 때 사용한다.

"및/또는"은 병렬하는 두 개의 어구 양자를 병합한 것 및 어느 한 쪽씩의 3가지를 일괄하여 엄밀하게 나타내는 데 이용한다.

혼동되는 경우에는 분해하여 열거하면 된다.

보기 “A법 및/또는 B법에 따라... ...” 대신에 다음과 같이 한다.

다음 중 어느 쪽에 따라 ......
— A법 및 B법
— A법
— B법

“경우”, “때” 및 “시”의 사용법은 다음에 따른다.

a) “경우” 및 “때”는 한정조건을 나타내는 데 사용한다. 다만, 한정조건이 이중으로 있는 경우에는 큰 쪽의 조건에 “경우”를 사용하고, 작은 쪽의 조건에 “때”를 사용한다.
b) “시”는 시기 또는 시각을 명확히 할 필요가 있을 경우에 사용한다.

“부터” 및 “까지”는 각각 때, 장소 등의 기점 및 종점을 나타내는 데 사용하고, 그 앞에 있는 수치 등을 포함시킨다.

“보다”는 비교를 나타내는 경우에만 사용하고, 그 앞에 있는 수치 등을 포함시키지 않는다.

문장의 처음에 접속사로 놓는 “또한”은 주로 본문 안에서 보충적 사항을 기재하는 데 사용한다. “다만”은 주로 본문 안에서 제외 보기 또는 예외적인 사항을 기재하는 데 사용한다.

12.3 서술부호

문장의 서술에 사용하는 부호는 구두점 · 인용부호 · 연속부호 · 생략부호 · 괄호로 한다.

구두점에는 마침표 " . ", 쉼표 " , ", 중점 " · " 및 콜론 " : "을 사용하고, 이것들의 사용법은 다음에 따른다. 또한 세미콜론 " ; "은 사용하지 않는다.

마침표 " . "은 문장의 끝에 붙인다. 또한 "...일 때", "...경우" 등으로 끝나는 항목의 병렬 등에 사용한다. 다만, 제명, 기타 간단한 어구를 드는 경우, 사물의 명칭을 병렬하는 경우 등에는 사용하지 않는다.

쉼표 " , "는 보통, 문장 중에서 어구의 끊김 또는 계속을 명확히 하기 위하여 다음과 같은 경우에 붙인다.

— "(은)는", "도" 등을 수반한 주제가 되는 말의 뒤
— 조건 및 제한을 나타내는 구의 뒤
— 명사를 두 개 이상 병렬하고 뒤에 "및", "또는" 등을 붙이는 경우
— 대등 관계로 나열하는 두 개 이상의 같은 종류의 구를 "등", "기타" 등으로 받는 경우 및 이러한 구를 "및", "또는" 등의 접속사로 연결하는 경우
— 문장의 처음에 부사 또는 접속사를 놓는 경우에 그 부사 또는 접속사의 뒤
— 기타, 쉼표가 없으면 오해를 일으킬 우려가 있는 경우

가운뎃점(중점) " · "은 가능한 한 사용하지 않는 것이 좋다. 다만, 다음과 같은 경우에 한하여 사용하는 것이 허용된다. 중점을 사용하

는 경우에는 마지막 말을 "및", "또는" 등의 접속사로는 잇지 않는다. 가운뎃점은 큰점(bullet)과 다르다.

— 명사를 병렬하는 경우 등, 쉼표로 구분 짓는 것으로 문장을 읽기 어려운 경우
— 조항 제목, 항목, 표 등에서 명사의 연결 등의 경우에 배치를 잘 하고 싶은 경우
— 두 개 이상의 명사의 각각에 같은 수식어구 등이 걸리는 경우

보기 1 재료・치수・질량

보기 2 반복 부호・구두점 등

보기 3 시정조치・예방조치 (이 경우, "시정・예방조치"라고 하지 않는다.)

쌍점(콜론) " : "은 식 또는 문장 중에 사용한 용어・기호를 설명할 때에 그 용어・기호 다음에 붙인다.

인용부호(" ")는 어구를 인용하는 경우 또는 문자, 기호, 용어 등을 특히 명확히 할 필요가 있는 경우에 사용한다. "「 」"는 사용하지 않는다.

연속 부호 " ~ "는 "...부터 ...까지"의 의미를 부호로 나타내는 경우에 사용한다. 연속부호로 나타내는 범위에는 앞뒤의 수치 등을 포함시킨다.

그리고 이 경우에 단위를 나타낼 필요가 있을 때에는 보통 오른쪽에 오는 숫자의 뒤에만 단위기호(문장 중의 각도・시간의 경우는 단위를

나타내는 문자이어도 좋다)를 붙인다.

생략부호 "..."는 어구를 생략하는 경우에 사용한다.

괄호는 소괄호 "( )" 및 대괄호 "[ ]"로 하고, 보충, 주해 등에 사용하며 그 사용법은 다음에 따른다.

일반적으로 소괄호를 사용하고, " [ ] "는 사용하지 않는다.

대괄호는 이미 소괄호를 사용하고 있는 부분을 다시 괄호로 싸야 할 경우에 사용한다. 또한 다른 단위계에 의한 수치를 병기하는 경우에 한하여 중괄호 "{ }"를 사용한다.

13. 호칭체계

이 조건요소는 제품의 분류, 호칭 및/또는 제품의 부호화, 진술된 요구사항을 만족시키는 프로세스 또는 서비스에 관한 체계를 확립하여도 된다. 편의를 위해, 이 요소는 **요구사항** 요소와 결합되어도 된다. 호칭과 관련된 요구사항이 해당 표준에 포함되어야 할 것인지 아닌지는 관계된 위원회가 결정해야 할 사안이다. 이 요소는 지시 관련 정보의 보기를 제공하는 참고 부속서에서 보충시켜도 된다.

보기 호칭 체계의 구조

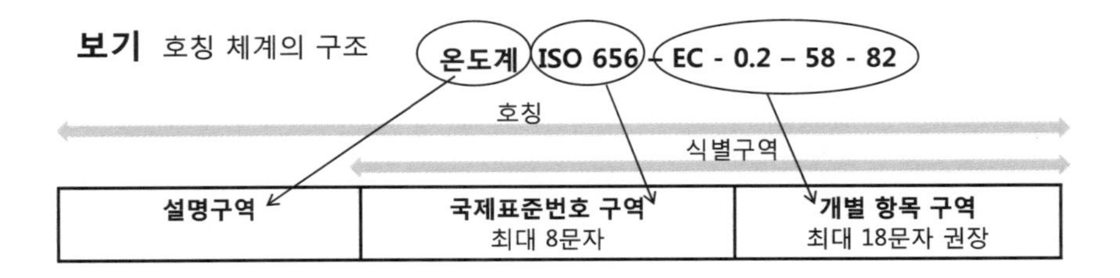

13.1 일반사항

호칭체계(designation system)는 특정한 용도를 가진 비슷한 제품이 특정한 코드를 가지게 되는 상품 코드가 아니다. 또한 해당 제품이 표준화되었는지에 관계없이 모든 제품에 할당된 일반제품 코드도 아니다. 오히려, 이것은 정보교환 시 신속하고 명확하게 항목설명을 전달되게 하는 표준화된 호칭 방식을 제공한다. 이 체계는 오직 동일한 국제표준, 지역표준, 국가표준에만 적용하기 위한 것이다. 그러므로 이는 관련 국제표준의 요구사항을 만족시키는 항목에 관해 국제적 수준의 상호 이해를 제공한다.

이 호칭은 해당 표준의 전체 내용을 대신하는 것이 아니다. 어떤 표준이 무엇과 관련된 것인지 알기 위해서는 해당 표준을 참조할 필요가 있다.

호칭체계는 상품 및 재료관련 표준에 특히 유용하다고 해도 선택항목을 포함하고 있는 모든 표준에 표현되어야 할 필요가 없다는 것을 주지하여야 한다. 제시된 표준에 호칭체계를 포함해야 할지를 판단하는 특권은 해당 위원회에 있다.

13.2 호칭체계

각 호칭은 "설명구역(description block)"과 "식별구역(identity block)"을 포함한다.

설명된 호칭체계에서 모든 필요 특성과 그들의 수치를 확인하는 표준번호는 국제표준번호 구역에 포함되어 있고, 해당 특성에서 허용된 여러 수치 중에서 선택된 수치는 개별 항목 구역에 포함된다. 각 특성이 오직 단일 수치만 허용된 표준의 경우에는 개별 항목 구역이 호칭체계에서 표현될 필요가 없다.

13.3 문자의 사용

호칭은 글자(letter), 숫자(digit), 기호(sign) 등의 문자로 구성되어야 한다.

영문표준의 경우 글자는 주로 로마자가 사용되어야 한다. 대문자와 소문자 사이에는 어떤 의미 차이도 없어야 한다. 설명구역에서 일반적으로 기록과 인쇄에 사용되는 소문자는 자동 정보처리에서 대문자로 변환되어도 된다. 식별구역에서는 대문자가 선호된다.

숫자는 아라비아 숫자가 사용되어야 한다.

오직 허용되는 기호는 붙임표(-), 덧셈부호(+), 빗금(/), 쉼표/반점(,) 및 마침표/온점(.), 곱셈부호(x)이어야 한다. 자동정보처리분야에서 곱셈부호는 문자 "X"를 사용한다.

호칭에서는 읽기 쉽게 하기 위해 여백을 두어도 된다. 그러나 여백은 문자로 산출되지 않으며 자동정보처리분야에서 사용되는 호칭에서는 생략되어도 된다.

13.4 설명구역

설명구역은 소관 위원회에 의해 표준화된 항목으로 할당되어야 한다. 이 설명구역은 가능한 한 짧게 하여야 하고 해당 표준의 주제 분류에서 표준화 항목을 가장 잘 묘사하는 설명문을 우선적으로 채택한다(보기 : 주요단어, 국제표준 분류). 해당 표준을 참조할 때, 설명구역의 사용은 선택사항이지만 사용된 설명구역은 국제표준번호 구역의 앞에 위치하여야 한다.

13.5 식별구역

13.5.1 일반사항

식별구역은 표준화된 항목을 명확하게 호칭하는 방식으로 구성되어야 한다. 이는 두 개의 연속된 문자구역으로 구성되어 있다.

- 최대 8문자로 구성된 국제표준번호 구역("ISO"나 "IEC"문자에 추가적으로 최대 5문자)
- 최대 18문자(권장)로 구성된 개별 항목 구역(숫자, 글자, 기호)

국제표준 번호 구역과 개별 항목 구역 사이의 분리를 표시하기 위해서는 붙임표(-)가 개별 항목 구역의 첫 번째 문자가 되어야 한다.

13.5.2 국제표준번호 구역

국제표준번호 구역은 가능한 한 짧아야 한다(보기를 들면, 첫 번째 ISO 표준의 경우 ISO 1로 표시함). 기계인식매체에 기록할 때에는 여백이나 영을 추가할 수 있다(보기를 들면, "ISO 1" 또는 "ISO 00001").

만약 한 표준이 개정되고 이전 판에 표준화된 항목의 호칭방법이 포함되어있다면 새로운 개정판에 호칭을 명시할 때 해당 표준의 이전 판에 따라 적용된 다른 호칭과 혼동되지 않도록 주의를 기울여야 한다. 일반적으로 이 요구사항은 쉽게 충족될 수 있고 따라서 국제표준번호 구역에 발행연도를 포함할 필요가 없다. 추록이나 다른 개정판이 발행되었을 경우에 동일하게 적용하는 것은 그에 따라 표준화된 항목의 호칭도 변경되어야 한다. 만약 해당 표준이 여러 부로 구성되어 발행되고 개별적으로 관련되었다면 각 부의 숫자(또는 표준 내에서 필요한 경우 해당 기호)를 붙임표(-) 의 바로 뒤 개별 항목 구역 안에 나타내어야 한다.

13.5.3 개별 항목 구역

개별 항목 구역은 또한 가능한 한 짧고 해당 표준을 작성한 위원회의 관점에서 최대로 호칭 목적을 만족시키도록 작성되어야 한다.

화학약품, 플라스틱, 고무 등 특정한 제품에 대해 명확하게 호칭 항목에 관한 기호를 표기하기 위해서는 선택사항에도 불구하고 여러 방법이 존재하며 개별 항목 구역은 기호에 의해 대변되는 특정한 정보를 포함하고 있는 여러 개의 정보구역으로 더 세분되어도 된다. 이 구역은 보기를 들면 붙임표(-) 등의 분리기호로 상호간에 분리되어야 한다. 내포된 코드(code)의 의미는 그들의 배치에 의해 경계지어져야 한다. 그러므로 하나 또는 그 이상의 정보구역을 만드는 것은 바람직하지 못하지만 공백은 중복하는 분리기호로 나타내어야 한다.

가장 중요한 변수는 가장 먼저 표시하여야 한다. 암호를 쓰지 않는 보통의 언어로 기입(보기를 들면, "양모")하는 것은 번역해야 할 필요가 있으므로 개별 항목 구역의 부분처럼 사용되어서는 안 된다. 따라서 기호입력으로 대체되어야 한다. 위의 기호입력에 대한 해설이 해당 표준에 제공되어야 한다.

개별 항목 구역에서 문자 I 및 O를 사용하면 아라비아 숫자인 "일(one)" 및 "영(zero)"과 혼동을 일으킬 수 있으므로 피해야 한다.

만약 설명서에서 요구되는 자료의 가장 단순한 열거방법이 많은 수의 문자를 사용할 것이 요구된다면(보기를 들면, "1 500×1 000×15"는 12개의 문자로 구성되어, 허용오차에 대한 설명도 없이 단지 크기에 대한 측면만 포함됨), 하나 혹은 그 이상의 문자로 암호화하고 해당 측면의 모든 가능성이 열거되도록 이중기호 표기를 사용할 수 있다(보기를 들어, 1 500×1 000×15=A, 1 500× 2 000×20 = B 등).

만약 둘 이상의 표준에서 하나의 제품에 대해 언급하고 있다면 그들 중의 하나는 제품을 호칭하기 위한 규칙(개별 표준화 항목의 호칭으로 구성됨)도 규정하고 있는 데에서 기초자료로 선정되어야 한다.

13.6 보기

ISO 656에 따른 정밀용으로 사용하기 위한 눈금간격이 0.2 ℃이고 주눈금이 58 ℃에서 82 ℃인 단일폐쇄눈금온도계(short enclosedscale thermometer)의 호칭을 위한 보기는 다음과 같다.

온도계 ISO 656-EC-0.2-58-82

이 호칭에서 구성요소는 다음의 의미를 가진다.

EC 짧은 폐쇄눈금온도계

0.2 눈금간격=0.2 ℃

58-82 주눈금의 범위는 58 ℃에서 82 ℃

비고 ISO 656에서는 오직 짧은 폐쇄눈금온도계만을 다루고 있으므로 이 호칭에서 "EC"라는 글자를 생략할 수 있다.

13.7 국가적 도입

국제 호칭체계의 국가적 도입은 국제표준 그대로 국가표준으로 채택될 때에만 해당된다.

국제표준의 국가적 이행에서 국제 호칭은 수정 없이 사용된다. 그러나 국가표준식별번호는 설명구역과 국제표준번호 구역 사이에 삽입되어도 된다.

보기 만약 나사의 국제 호칭이 아래의 것이라면,

홈 접시나사 ISO 1580-M520-4.8

VN 4183이 ISO 1580에 대응하는 수정 없이 채택된 국가표준이라면 그의 국가 호칭은 다음과 같다.

홈 접시나사 VN 4183-ISO 1580-M520-4.8

14. 특허권의 표준화 방법

14.1 특허권의 KS화

기술 혁신이 현저한 분야의 표준 제정 활동을 할 때 특허권 등이 관련되는 경우가 있는데 지금까지 그 명확한 취급 절차가 없었다. 따라서 KS화 제안을 할 때 자신이 가진 특허권을 "무상으로 허락 또는 누구에게나 비차별적이고 합리적 조건으로 실시 허락한다."는 뜻의 승낙서 제출이 있을 경우에는 KS화가 가능하도록 규정하고 있다.

KS안에 특허권 등의 대상이 되는 기술이 포함되든가 포함될 가능성이 있는 경우에는 다음과 같은 KS 제정 절차를 취한다.

또한 여기에서 "특허권 등"이란 특허법 제87조 및 실용신안법 제11조의 규정에 의하여 설정 등록된 특허권(실용신안권)을 말하며, 출원 공개 후의 특허출원 및 실용신안 등록출원이란 특허법 제64조 및 실용신안법 제15조에서 규정하는 공개된 출원을 말한다. 다만, 특허권(실용신안권)자는 KS 제정을 신청할 때 전용 실시권자 또는 통상 실시권자와 사전 협의하여 신청하여야 한다.

특허권 등의 대상이 되는 기술을 포함한다고 판단되는 KS를 제정하고자 할 때는 KS의 개요에 다음과 같이 기재하는 것이 좋다.

- 이 표준에 따르는 것은 다음에 표시하는 특허권 사용에 해당될 우려가 있다.
  발명(고안)의 명칭
  설정의 등록 연월일 및 특허(등록) 번호
  출원 번호
- 이 기재는 상기에 표시하는 특허권의 효력, 범위 등에 관하여 아무런 영향도 주지 않는다.
- 상기특허권의 권리자는 산업표준심의회에 대하여 비차별적이고 합리적인 조건으로 누구에게나 해당 특허권의 실시를 허락할 의사가 있음을 보증한다.

> – 이 표준의 일부가 상기에 표시하는 이외의 기술적 성질을 가진 특허권, 출원공개 후의 특허출원, 실용신안권 또는 출원공개 후의 실용신안등록출원에 저촉될 가능성이 있다. 기술표준원장 및 산업표준심의회는 이와 같은 기술적 성질을 가진 특허권, 출원공개 후의 특허출원, 실용실안권 또는 출원공개 후의 실용실안등록출원에 관계되는 확인에 대하여 책임지지 않는다.

아울러 KS의 해설에 다음과 같이 기재하는 것이 바람직하다.

> 이 표준에 따르는 것은 다음의 특허권 사용에 해당될 우려가 있으므로 유의할 것.
> – 발명(고안)의 명칭
> – 권리자의 성명 및 주소
> – 출원 번호 및 출원 일자
> – 설정의 등록 연월일 및 특허(등록) 번호
> 또한 이 표준에 따르는 것이 특허권 등의 무상 공개를 의미하는 것이 아니라는 점에 주의할 필요가 있다.

또 해당 특허권자의 동의가 얻어진 경우에는 아래 사항 등 참고가 되는 정보를 기재하기를 권장한다.

> – 특허(등록) 번호 :
> – 존속 기간 만료일 :

또 특허권 등의 존재가 확인되지 않은 경우에는 KS의 머리말에 다음과 같이 기재하는 것이 좋다.

> 이 표준의 일부가 기술적 성질을 가진 특허권, 출원공개 후의 특허출원, 실용신안권 또는 출원공개 후의 실용신안등록출원에 저촉될 가능성이 있음에 주의를 환기한다. 기술표준원장 및 산업표준심의회는 이와 같은 기술적 성질을 가진 특허권, 출원공개 후의 특허출원, 실용신안권 또는 출원공개 후의 실용신안등록출원에 관계되는 확인에 대하여 책임지지 않는다.

14.2 특허권의 국제표준화

"표준을 지배하는 나라가 세계를 지배하고, 세계를 지배하는 나라가 곧 표준을 지배한다."라는 말이 있다. 표준은 이제 선택의 문제가 아닌 생존의 문제로서 그 어느 때보다도 표준의 경쟁력 확보가 필연적이라는 것을 누구나 부인할 수 없다. 특히 기술혁신이 필요한 IT 등 첨단산업 분야에서는 오히려 기술개발보다도 시장확보를 전제로 한 표준개발의 필요성이 더 부각되고 있다. 특히 특허와 표준을 연계한 표준특허 확보는 기업과 국가의 경쟁력을 좌우하는 요건으로 그 중요성이 날로 증대되고 있다.

표준특허, 혹은 필수특허(Standard Essential Patent, SEP; EP)란 표준에 포함된 특허를 말한다.

즉 국제표준화기구가 제정한 표준에 포함된 특허로, 표준에 따라 제품을 기술적으로 구현하는 과정에서 반드시 이용해야만 하는 특허를 표준특허(essential patent)라고 한다.

최근 발생하는 기업간의 특허분쟁은 주로 표준특허를 대상으로 하고 있으며, 속칭 특허괴물(Patent Troll)이라고 불리는 특허관리전문회사(NPEs, Non Practicing Entities)도 큰 수익을 창출할 수 있는 표준특허의 확보에 중점을 두고 있다.

표준특허의 장점은 특허의 회피설계(Design around)가 어렵고, 비즈니스 활용이 용이하며, 소송을 통한 권리 행사에 유리하다는 점이다. 특허의 회피설계가 어려운 이유는 산업계가 특정한 기술표준을 따르는 한 회피 설계가 불가능에 가깝기 때문이며, 비즈니스 활용이 용이한 점은 특허풀(Patent Pool)로 활용이 가능하면서도 개별 권리행사가 가능하기 때문이다. 또 소송을 통한 권리 행사에 유리한 부분은 특허

소송시 침해자의 제품 대신 기술표준을 기준으로 특허 침해를 판단하는 것이 가능하기 때문이다.

표준화와 연계한 특허출원 방안에는 심사청구를 하지 않는 국내출원과 미국의 가출원(US provisional application) 제도를 활용하여 표준 기고서 제출 전에 특허출원을 진행하는 방법과 표준내용 변경 시마다 추가 특허출원을 진행하는 방법이 있다.

특허권자가 자신이 보유한 특허를 표준에 채택시키기 위해서는 ISO, IEC, ITU 등 표준화기구에서 정한 표준특허 정책에 따라 무료 또는 RAND 조건(reasonable and non-discriminatory terms and conditions)으로 협상할 의향이 있다는 것을 서면으로 동의하여야 한다. ETSI에서는 FRAND 조건(fair, reasonable and non-discriminatory terms and conditions)에 동의하여야 한다.

부록 2

용어와 정의(표준화 및 관련 활동)

이 용어와 정의는 “KS A ISO/IEC Guide 2: 2002 표준화 및 관련 활동－일반 어휘”의 내용을 인용한 것이다.

1. 표 준 화

1.1 **표 준 화** 실제적이거나 잠재적인 문제들에 대하여 주어진 범위 내에서 최적 수준을 성취할 목적으로, 공통적이고 반복적인 사용을 위한 규정을 만드는 활동

비 고 1. 표준을 공식화하고 발행하고 이행하는 과정들로 이루어진 활동

2. 표준화의 중요한 이익은 제품, 프로세스 또는 서비스를 본래의 의도된 목적에 적절하도록 개선하고, 무역에 대한 장벽을 방지하며 기술적 협력을 촉진하는 것이다.

1.2 **표준화의 주제** 표준화되어야 하는 사항

비 고 1. "제품, 프로세스 또는 서비스"라는 표현은 이 규격 전반에 걸쳐 광의의 의미에서의 표준화의 주제를 포괄하기 위하여 채택되었으며, 예를 들면 모든 자재, 구성요소, 장비, 시스템, 인터페이스, 원안, 절차, 기능, 방법 또는 활동을 포괄하는 것으로 동등하게 이해되어야 한다.

2. 표준화는 모든 주제의 특정한 측면에 한정될 수 있다. 예를 들면 신발의 경우, 크기와 내구성의 기준이 개별적으로 표준화될 수 있을 것이다.

1.3 **표준화의 분야** 표준화의 영역(불찬성)과 관련된 표준화의 주제로 이루어진 그룹

비 고 예를 들면, 공학, 운송, 농업과 수량 및 단위는 표준화의 분야로 간주될 수 있다.

1.4 **최 신** 과학, 기술 및 경험에 대한 총괄적인 발견사항들을 근거로 제품, 프로세스 또는 서비스에 대하여 주어진 시간 내에 이룬

기술적 능력의 발전된 단계

1.5 **인정된 기술규칙** 최신을 반영하는 대다수의 대표적인 전문가들에 의해 인정된 기술적 규정

비 고 기술적인 주체에 대한 인용문서가 의견수렴 및 합의 절차를 거쳐 관련된 이해관계자들의 협조 하에 작성되었다면, 이것이 승인되는 경우 인정된 기술규칙으로 볼 수 있다.

1.6 **표준화의 수준** 표준화에 대한 지역적, 정치적 또는 경제적 참여의 정도

1.6.1 **국제 표준화** 모든 국가의 관련된 기관들에게 참여가 허용되는 표준화

1.6.2 **지역 표준화** 세계의 특정한 한 지역, 정치적 또는 경제적 영역의 관련된 기관들에게만 참여가 허용되는 표준화

1.6.3 **국가 표준화** 특정한 국가 차원에서 발생하는 표준화

비 고 한 국가 내 또는 한 국가의 영토 내에서, 표준화는 또한 각 지방 차원에서 산업계 조합 및 회사 차원에서 및 개별 공장, 워크숍 및 사무실 차원에서 지사별 또는 부서별(예를 들면, 부처별)로 이루어질 수 있다.

1.6.4 **지방 표준화** 한 국가의 특정한 지역경제 내에서 표준화

비 고 한 국가 내 또는 한 국가의 영토 내에서, 표준화는 또한 각 지방 차원에서 산업계 조합 및 회사 차원에서 및 개별 공장, 워크숍 및 사무실 차원에서 지사별 또는 부서별(예를 들면, 부처별)로 이루어질 수 있다.

1.7 **합 의** 핵심적인 문제에 대한 주요 이해당사자의 지속적인 반대가 없으며, 관여하는 모든 이해당사자의 의견을 수렴하고 아울러 모

든 상충되는 논쟁요소들에 대한 화합을 이룬 총괄적인 의견일치

2. 표준화 목적

비 고 표준화의 일반적인 목표는 1.1에 있는 정의에 따른다. 표준화는 제품, 프로세스 또는 서비스를 그 목적에 맞도록 하기 위하여 둘 이상의 목표를 가질 수 있다. 그러한 목표에는 다양성 관리, 가용성, 적합성, 상호교환성, 건강, 안정, 환경보호, 제품보호, 상호 이해, 경제적 능력, 무역들이 포함되며, 반드시 이들에만 한정되는 것은 아니다. 이러한 목표들은 중복될 수 있다.

2.1 **목적에의 적합성** 제품, 프로세스 또는 서비스가 특정한 조건하에서 정해진 목적을 이루어내는 능력

2.2 **병 용 성** 제품, 프로세스 또는 서비스가 특정한 조건하에서, 수용할 수 없는 상호작용을 일으킴이 없이 관련 요구사항들을 충족하기 위하여 함께 사용되는 적절성

2.3 **상호교환성** 동일한 요구사항을 충족하기 위하여 하나의 제품, 프로세스 또는 서비스가 다른 제품, 프로세스 또는 서비스 대신에 사용되는 능력

비 고 상호교환성의 기능적인 측면을 "기능적 상호교환성"이라고 부르며, 치수적인 측면을 "치수적 상호교환성"이라고 부른다.

2.4 **다양성 관리** 제품, 프로세스 또는 서비스의 크기 및 유형 중 최대한의 수가 요구사항을 만족하도록 선정하는 행위

비 고 다양성 관리는 주로 다양성의 감소와 연관된다.

2.5 **안 전** 수용할 수 없는 위해의 위험으로부터 자유로와지는 것.

비 고 표준화에 있어서 제품, 프로세스 또는 서비스의 안전은 인간의 행동과 같은 비기술적 요인을 포함하여 인간 및 제품에 대하여 수용 가능한 수준까지 회피 가능한 위험을 제거해 주는 다수의 요인들에 대한 최적의 균형을 달성하기 위하여 주로 고려된다.

2.6 **환경의 보호** 제품, 프로세스 또는 서비스의 효과 및 운영에서 야기되는 수용할 수 없는 피해로부터 환경을 보호하는 것.

2.7 **제품 보호** 환경 보호(불찬성) 사용, 운송 및 저장 중에 기후적 또는 기타 불리한 조건들로부터 제품을 보호하는 것.

3. 인용문서

3.1 **인용문서** 활동 및 그 결과를 위한 규칙, 지침 또는 특성을 제공하는 문서

비 고 1. "인용문서"라는 용어는 표준, 기술시방, 관행규약 및 강제규정과 같은 문서들을 포괄하는 총괄적인 용어이다.

2. "문서"란 그 위 또는 안에 기록된 정보를 가지고 있는 모든 형태의 매체로 이해된다.

3. 여러 종류의 상이한 인용문서별로 붙여지는 용어는 그 내용을 단일한 주체로 보고 정하여야 한다.

3.2 **표 준** 합의에 의해 작성되고 인정된 기관에 의해 승인되었으며, 주어진 범위 내에서 최적 수준의 성취를 목적으로 공통적이고 반복적인 사용을 목적으로 규칙, 지침 또는 특성을 제공하는 문서

비 고 표준은 과학, 기술 및 경험에 대한 총괄적인 발견사항들에 근거하여야 하며, 공동체 이익의 최적화 촉진을 목표로 하여야 한다.

3.2.1 **공적으로 이용가능한 표준**

비 고 표준은 그 지위로 인하여 그 공개적 가용성, 개정본 및 수정본이 필요한 경우, 지역, 국제, 국가 및 지방표준(3.2.1.1, 3.2.1.2, 3.2.1.3, 및 3.2.1.4)에 맞추어 최신으로 유지되어야 하며, 이로써 인정된 기술규칙이 된다고 추정된다.

3.2.1.1 **국제 표준** 국제적 표준화/표준 기관에 의해 채택되고 공개된 표준

3.2.1.2 **지역 표준** 지역 표준화/표준 기관에 의해 채택되고 공개된 표준

3.2.1.3 **국가 표준** 국가 표준 기관에 의해 채택되고 공개된 표준

3.2.1.4 **지방 표준** 한 국가의 특정한 영토 내에서 채택되고 공개된 표준

3.2.2 **기타 표준**

비 고 표준은 또한 다른 근거에 의해 채택될 수 있는데, 예를 들면 부문 표준 및 회사 표준이 그것이다. 그러한 표준들은 몇몇 국가들을 포괄하는 지역적 영향력을 갖고 있다.

3.3 **예비 표준** 표준의 근거를 작성하기 위하여, 적용을 통해 필요한 경험을 얻을 목적으로 표준화 기구에 의해 작성되고 공개된 문서

3.4 **기술시방** 제품, 프로세스 또는 서비스에 의해 충족되어져야 하는 기술적인 요구사항들을 규정한 문서

비 고 1. 기술시방은 가능한 경우 언제나, 요구사항들이 충족되었는지 여부를 결정할 수 있는 절차를 제시하여야 한다.

2. 하나의 기술시방은 하나의 표준이 될 수 있으며, 아울러 표준의 일부 또는 표준으로부터 독립된 것이 될 수 있다.

3. 비고 3.은 러시아어 판에만 적용된다.

3.5 **관행규약** 장비, 구조물 또는 제품의 디자인, 제조, 설치, 유지 또는 활용을 위한 관행 및 절차를 제시해 주는 문서

비 고 관행규약은 표준이 될 수 있으며, 아울러 표준의 일부 또는 표준으로부터 독립된 것이 될 수 있다.

3.6 **강제규정** 당국에 의해 채택되는, 법적으로 강제적인 규정을 제공하는 문서

3.6.1 **기술규정** 표준, 기술시방 또는 관행규약의 내용을 직접 또는 간접적으로 인용하거나 또는 포괄한 기술 요구사항을 제공하는 강제규정

비 고 기술규정은, 예를 들면 “규정을 만족하는 것으로 간주된다”라는 문구처럼 특정한 충족수단을 제시해 주는 기술적인 지침을 담고 있을 수 있다.

4. 표준 및 강제규정 책임기관

4.1 **기 관** 특정한 임무를 갖고 특정한 구조로 되어 있는(표준 및 강제규정에 책임이 있는) 법적 또는 행정적인 기관

비 고 기관의 예를 들면, 조직, 당국, 회사 및 재단

4.2 **조 직** 타 기관 또는 인원의 회원이며 자체 정관 및 행정조직을 갖춘 기관

4.3 **표준화 기관** 표준화에 있어서 인정된 활동을 하는 기관

4.3.1 **지역 표준화 조직** 단일한 지역적, 정치적 또는 경제적 영역 내에 소재한 국가들의 관련 국가기관들에게만 회원자격이 주어지는 표준화 조직

4.3.2 **국제 표준화 조직** 회원자격이 모든 관련 국가기관에 개방되어 있는 표준화 조직

4.4 **표준 기관** 국가적, 지역적 및 국제적 차원에서 안정되고, 정관에 따라 공개 대상 표준의 작성, 승인 또는 채택을 기본 기능으로 갖고 있는 표준화 기관

4.4.1 **국가 표준 기관** 국가 차원에서 인정된 표준 기관으로서, 관련 국제 및 지역 표준 조직의 회원자격 획득이 가능하다.

4.4.2 **지역 표준 조직** 단일한 지역적, 정치적 또는 경제적 영역 내에 소재한 국가들의 관련 국가 기관들에게만 회원자격이 주어지는 표준 조직

4.4.3 **국제 표준 조직** 회원자격이 모든 관련 국가기관에 개방되어 있는 표준 조직

4.5 **당 국** 법적 힘과 권리를 가진 기관

비 고 당국은 지역, 국가 또는 지방별 당국이 있을 수 있다.

4.5.1 **규제 당국** 강제규정을 작성 또는 채택하는 책임이 있는 당국

4.5.2 **시행 당국** 강제규정을 시행하는 책임이 있는 당국

비 고 시행 당국은 규제 당국일 수도 있고 아닐 수도 있다.

5. 표준의 유형

비 고 다음의 용어 및 정의는 표준의 체계적인 분류 또는 포괄적으로 가능한 유형을 제공하기 위한 것이 아니다. 이들은 단지 공통적인 유형들만을 제시한다. 이들은 상호 배타적인 것이 아니다. 예를 들면, 특정한 제품표준은 제품의 특성을 위한 시험방법을 제공할 경우 시험표준으로도 간주될 수 있다.

5.1 **기본 표준** 넓은 범위의 적용범위 또는 특정한 한 분야를 위한 일반적인 규정을 포함하고 있는 표준

비 고 기본 표준은 직접적인 적용을 위한 표준으로서 또는 타 표준을 위한 근간으로서의 기능을 가질 수 있다.

5.2 **용어 표준** 용어에 대한 표준으로서 주로 정의를 수반하며, 가끔 설명적인 비고, 예시 및 예문 등을 수반한다.

5.3 **시험 표준** 시험방법에 대한 표준으로서, 가끔 표본추출, 통계적 방법의 사용, 시험순서와 같이 시험에 관한 타 규정을 포함하고 있다.

5.4 **제품 표준** 목적에 대한 적합성을 달성하기 위하여 제품 또는 제품그룹에 의해 충족되어야 하는 요구사항들을 규정한 표준

비 고 1. 제품 표준은 목적에의 적합성이라는 요구사항 이외에도 용어, 표준추출, 시험, 포장 및 라벨부착 및 가끔 프로세스 요구사항들을 포함할 수 있다.

2. 제품 표준은 필요한 요구사항의 일부 또는 전부를 규정

하느냐에 따라 완전한 것이 될 수도 있고 불완전한 것이 될 수도 있다. 이러한 관점에서 제품 표준은 치수, 자재 및 기술전달 표준과 같이 표준들 간에도 상호 다를 수 있다.

5.5 **프로세스 표준** 목적에 대한 적합성을 달성하기 위하여 프로세스에 의해 충족되어야 하는 요구사항들을 규정한 표준

5.6 **서비스 표준** 목적에 대한 적합성을 달성하기 위하여 서비스에 의해 충족되어야 하는 요구사항들을 규정한 표준

비 고 서비스 표준은 세탁, 호텔관리, 운송, 자동차 장비, 통신, 보험, 은행, 무역과 같은 분야에서 작성될 수 있다.

5.7 **인터페이스 표준** 제품 또는 시스템이 상호 연결되는 시점에서 적합성에 관한 요구사항을 규정한 표준

5.8 **제공 데이터에 대한 표준** 제품, 프로세스 또는 서비스를 규정하기 위한 치수 및 기타 데이터를 기술하기 위한 특성의 목록을 가진 표준

비 고 일부 표준은 전형적으로 공급자가 기술하여야 하는 데이터를 제공하며, 일부는 구매자가 기술하여야 하는 데이터를 제공한다.

6. 표준의 조화

비 고 기술규정은 표준처럼 조화될 수 있다. 6.1부터 6.9까지의 정의에 있는 “표준”을 “기술규정”으로 대체하고, 6.1의 정의에 있는 “표준화 기구”를 “당국”으로 대체하면 일치하

는 용어 및 정의를 얻을 수 있다.

6.1 **조화된 표준** 동등한 표준

상이한 표준화 기구에 의해 승인된 동일한 주제에 대한 표준을 말하며, 제품, 프로세스 또는 서비스에 대한 상호교환성을 제공하거나 또는 이러한 표준에 따라 제공되는 시험결과 또는 정보에 대한 상호이해를 제공한다.

비 고 이러한 정의 내에서 조화된 표준은 표현에 있어서 상이할 수 있으며, 실질적으로도 예를 들면 표준의 요구사항, 대안 및 다양성을 위한 선호사항을 충족하기 위한 비고 및 지침과 같은 것에서 다를 수 있다.

6.2 **통합된 표준** 실질적으로는 같으나 표현상으로는 상이한 조화된 표준

6.3 **동일 표준** 실질적으로나 표현상으로 동일한 조화된 표준

비 고 1. 표준의 명명은 다를 수 있다.

2. 다른 언어로 되어 있는 경우, 해당 표준들은 정확한 번역물이다.

6.4 **국제적으로 조화된 표준** 국제 표준과 조화된 표준

6.5 **지역적으로 조화된 표준** 지역 표준과 조화된 표준

6.6 **다자간 조화된 표준** 둘 이상의 표준화 기구 간에 조화된 표준

6.7 **쌍방간 조화된 표준** 두 개의 표준화 기구 간에 조화된 표준

6.8 **일방에 의해 정합된 표준** 한쪽의 표준에 따른 제품, 프로세스, 서비스, 시험 및 정보가 다른 쪽의 표준의 요구사항을 만족시키지만 그 반대는 이루어지지 않는, 타 표준과 정합된 표준

비 고 일방에 의해 정합된 표준은 그 표준이 정합된 표준과 조화된(또는 동등한) 것이 아니다.

6.9 **비교 가능한 표준** 상이한 표준화 기구에 의해 승인된 동일한 제품, 프로세스 또는 서비스에 대한 표준으로서, 상이한 요구사항들이 동일한 특성에 근거하고 있으며 동일한 방법에 의해 제시됨으로써 요구사항에 있어서 상이성의 명료한 비교를 허용한다.

비 고 비교 가능한 표준은 조화된(또는 동등한) 표준이 아니다.

7. 인용문서의 내용

7.1 **규 정** 인용문서의 내용에 있는 표현으로서, 진술, 지침서, 권고 또는 요구사항의 형태를 취한다.

비 고 이러한 유형의 규정은 사용하는 단어의 형태로써 구분된다. 예를 들면, 지침서는 명령적인 분위기로, 권고는 "should"라는 조동사를 사용함으로써, 그리고 요구사항은 조동사 "shall"을 사용한다.

7.2 **진 술** 정보를 전달하는 규정

7.3 **지 침 서** 수행하여야 하는 조치를 전달하는 규정

7.4 **권 고** 조언 또는 지침을 전달하는 규정

7.5 **요구사항** 충족되어야 하는 기준을 전달하는 규정

7.5.1 **배타적인 요구사항** 강제 요구사항(불찬성)

인용문서의 요구사항으로서, 해당 문서를 준수하기 위하여 반드시 충족되어야 하는 요구사항에 한하여 사용되어야 한다.

7.5.2 **선택적 요구사항** 인용문서의 요구사항으로서, 그 문서에서 허용하는 특정한 대체 규정을 준수하기 위하여 반드시 충족되어야 하는 요구사항을 말한다.

비 고 선택적 요구사항은 다음 중 하나가 될 수 있다.

a) 둘 중의 하나 또는 그 이상의 선택적 요구사항 또는

b) 적용 가능한 경우에만 충족되어야 하고, 그 이외에는 무시되어도 좋은 부가적인 요구사항들

7.6 **만족되어야 하는 규정** 인용문서의 요구사항을 준수하는 둘 이상의 수단을 제시하는 규정

7.7 **설명규정** 제품, 프로세스 또는 서비스의 특성에 관한, 목적에의 적합성을 위한 규정

비 고 설명규정은 주로 치수 및 재료구성에 대한 디자인, 구조상의 상세 사항 등을 전달한다.

7.8 **성능규정** 제품, 프로세스 또는 서비스의 사용상 또는 사용에 관한 행동에 관한, 목적에의 적합성을 위한 규정

8. 인용문서의 구조

8.1 **본 문** 인용문서의 내용을 구성하는 일련의 (인용문서의) 규정들

비 고 1. 표준의 경우에 있어서 기구는 그 주제 및 정의에 대한

일반적인 요소들 및 규정을 전달하는 주요 요소들을 포괄한다.

2. 인용문서 본문의 일부는 편의상 부속서("규범적 부속서")의 형태를 취하나, 타(정보전달용) 부속서는 부가적인 요소들에 한하여 작성될 수 있다.

8.2 **부가적 요소** 인용문서에는 포함되어 있으나, 그 본질에는 영향을 미치지 않는 정보

비 고 표준의 경우 부가적 요소, 예를 들면 출판, 서문 및 비고에 대한 세부사항을 포함할 수 있다.

9. 인용문서의 작성

9.1 **표준 프로그램** 표준화 기구의 작업일정으로서, 현재의 표준화 작업 항목을 열거한다.

9.1.1 **표준 계획** 표준 프로그램 내의 특정한 작업항목

9.2 **표준 초안** 의견제시, 투표 또는 승인을 위하여 공개적으로 입수 가능한, 제안된 표준

9.3 **유효기간** 인용문서가 유통되는 기간을 말하며, 그 문서가 유효한("유효 일자") 날로부터 지속되고 해당 책임이 있는 기구의 결정에 의해 폐지 또는 대체된다.

9.4 **체 크** 재확인, 변경 또는 폐지되어야 할지 여부를 결정하기 위하여 인용문서를 확인하는 활동

9.5 **정 정** 출판된 인용문서에서 인쇄상, 언어상 또는 기타 유사한 오류를 제거하는 행위

비 고 정정의 결과는 적절하게 별도의 수정지를 발행하거나 인용문서 신판을 발행하여 제시될 수 있다.

9.6 **수 정** 인용문서 본문의 특정한 부분의 수정, 부가 또는 삭제

비 고 수정의 결과는 주로 인용문서에 별도의 정정지를 발행하여 제시된다.

9.7 **개 정** 인용문서의 내용 및 표현의 모든 필요한 변경사항을 제시하는 행위

비 고 개정의 결과는 인용문서의 신판을 발행하여 제시된다.

9.8 **재 인 쇄** 인용문서를 변경 없이 재발행하는 것.

9.9 **신 판** 구판의 변경사항을 수록한 인용문서의 새로운 판

비 고 기존의 정정 내용이나 수정지가 본문에 첨부된 경우라도 해당 본문은 신판이 된다.

10. 인용문서의 이행

비 고 인용문서는 두 개의 상이한 방식으로 "이행"된다고 말할 수 있다. 이는 제조, 무역 등에 적용될 수 있으며, 타 인용문서에서 일부 또는 전부가 채용될 수 있다. 이 두 번째 문서를 매개로 하여 인용문서가 이행될 수 있으며, 또한 타 인용문서에 의해 이행될 수 있다.

10.1 **국제 표준의 채용**(국가 인용문서로) 관련 국제 표준에 근거하여 국가 표준을 발행하거나 또는 국제 표준을 국가 표준과 동일한 지

위로 승인하는 것으로서, 국제 표준과 다른 사항들을 포함한다.

비 고 "채택"이란 용어는 가끔 "채용"이란 용어와 동일하게 사용된다. 예를 들면, "국가 표준에 있어서 국제 표준의 채택"

10.2 **인용문서의 적용** 인용문서를 제조, 무역 등에 사용하는 것.

10.2.1 **국제 표준의 직접적인 적용** 국제 표준이 여타 인용문서에 채용되었는지 여부에 상관없이 국제 표준을 적용하는 것.

10.2.2 **국제 표준의 간접적인 적용** 국제 표준이 채용된 타 인용문서를 매개로 하여 국제 표준을 적용하는 것.

11. 강제규정에 있어서 표준의 인용

11.1 **표준의 인용**(강제규정에 있어서) 강제규정 내에서 세부 규정 대신에 둘 이상의 표준을 인용하는 것.

비 고 1. 표준의 인용시, 사용가능 시한을 제시 또는 미제시하거나 또는 포괄적으로 인용할 수 있으며, 동시에 배타적 또는 지시적으로 인용할 수 있다.

2. 표준의 인용은 최신 또는 인정된 기술규칙을 인용하는 보다 일반적인 법적 규정과 연계될 수 있다. 그러한 규정은 또한 독립적으로 인용될 수 있다.

11.2 **인용의 정확성**

11.2.1 **기한을 명시한 인용**(표준에 대한) 둘 이상의 표준을 인용하면서, 향후의 최신버전이 나올 경우 해당 표준을 개정하여야만 사용할 수 있도록 단서를 붙이는 방식으로 표준을 인용하는 것.

비 고 이 표준은 주로 그 번호, 일자 및 판수로 구분된다. 명칭을 제시할 수도 있다.

11.2.2 **기한을 명시하지 않는 인용**(표준에 대한) 둘 이상의 표준을 인용하면서, 향후의 최신버전이 나올 경우 해당 표준의 개정 없이도 사용할 수 있도록 단서를 붙이는 방식으로 표준을 인용하는 것.

비 고 이 표준은 주로 그 번호로만 구분된다. 명칭을 제시할 수도 있다.

11.2.3 **포괄적 인용**(표준에 대한) 특정한 기구의 모든 표준을 지칭하거나 또는/아울러 특정 분야에서 표준을 개별적으로 구분하지 않고 인용하는 것.

11.3 **인용의 강도**

11.3.1 **배타적 인용**(표준에 대한) 기술규정 요구사항을 만족시키는 방법이 인용된 표준을 준수하는 것뿐이라고 표현하는 방식으로 표준을 인용하는 것.

11.3.2 **표시적 인용**(표준에 대한) 기술규정의 요구사항을 만족시키는 방법이 인용된 표준을 준수하는 것뿐이라고 표현하는 방식으로 표준을 인용하는 것.

비 고 표준에 대한 표시적 인용은 만족하여야 하는 규정의 형태를 가진다.

11.4 **강제 표준** 일반법 또는 강제규정의 배타적인 인용에 의하여 적용이 의무적인 표준

12. 적합성 평가 일반

12.1 **적 합 성** 제품, 프로세스 또는 서비스가 특정한 요구사항을 충족하는 것.

12.2 **적합성 평가** 관련 요구사항이 충족되었는지를 직접 또는 간접적으로 결정하는 것에 관한 모든 활동

비 고 1. 적합성 평가 활동의 대표적인 것이 표본추출, 시험 및 검사, 평가, 검증 및 적합성 보장(공급자 선언, 인증)－등록, 인정 및 승인 및 이들의 조합이다.

2. ISO/IEC원문에서 비고 2.는 불어판에만 적용된다.

12.3 **적합성 평가기구** 적합성 평가를 수행하는 기구

12.4 **적합성 평가시스템** 적합성 평가를 위하여 자체의 절차규정 및 경영진을 갖춘 시스템

비 고 1. 적합성 평가시스템은, 예를 들면 국가, 지역 또는 국가적 차원에서 운영될 수 있다.

2. 적합성 평가시스템의 전형적인 예가 시험시스템, 검사시스템, 인증시스템이다.

12.5 **적합성 평가제도** 특정한 제품, 프로세스 또는 서비스에 대하여 동일한 특정의 표준, 규칙 및 절차가 적용되는 적합성 평가시스템

비 고 “프로그램”이란 용어는 일부 국가에서는 “제도”와 동일한 의미로 사용된다.

12.6 **적합성 평가시스템에의 접근** 해당 시스템의 규정에 따라 신청자가 적합성을 달성하기 위한 기회

12.7 **적합성 평가시스템 참여자** 해당 시스템의 운영에 참여하지는 않고 해당 시스템의 규정에 따라 운영하는 적합성 평가기구

12.8 **적합성 평가시스템의 회원** 해당 시스템의 운영에 참여할 기회를 갖고 해당 시스템의 규정에 따라 운영하는 적합성 평가기구

12.9 **제 삼 자** 당해 문제에 대하여 연루된 이해당사자들과 독립된 것으로 인정된 인물 또는 기구

비 고 연루된 당사자는 주로 공급자("제일자") 및 구매자("제이자")이다.

12.10 **등 록** 기구가 적절하고 공개적인 목록에 제품, 프로세스 또는 서비스의 관련 특성이나 해당 기구의 측정한 사항을 제시하는 절차

12.11 **인 정** 기구 또는 인원이 특정한 임무를 수행할 능력이 있다고 권한을 가진 기구가 공식적으로 인정하는 절차

12.12 **호 혜 성** 양 당사자가 상호에게 동일한 권리와 의무를 가진 쌍방간의 관계

비 고 1. 호혜성은 상호 호혜적인 관계를 가진 네트워크로 이루어진 다자간 약정 내에도 존재할 수 있다.

2. 권리와 의무가 동일하다 할지라도 그에 따른 기회는 상이할 수 있으며, 이로 인하여 당사자간 불공평한 관계가 초래될 수 있다.

12.13 **공평한 대우** 비교 가능한 상황에서 일방의 제품, 프로세스 또는 서비스에 대한 대우가 타방에 대한 대우보다 덜하지 않은 대우

12.14 **내국민대우** 비교 가능한 상황에서 일방의 제품, 프로세스 또는 서비스에 대한 대우를 자국의 제품, 프로세스 또는 서비스에 대한 대우보다 덜하지 않도록 하는 대우

12.15 **내국민대우 및 공평한 대우** 비교 가능한 상황에서 일방의 제품, 프로세스 또는 서비스에 대한 대우를 자국 또는 기타 모든 국가의 제품, 프로세스 또는 서비스에 대한 대우보다 덜하지 않도록 하는 대우

13. 특성의 결정

비 고 제품, 프로세스 또는 서비스의 특성에 대한 결정은 전형적으로 시험에 의해 달성될 수 있거나, 또는 기타 수단에 의해 결정될 수 있다. 특정한 절차가 없는 경우에는 단순한 관찰에 의할 수 있고, 품질시스템의 경우에 있어서는 문서화된 심사 또는 심사기법에 의해 결정될 수 있다.

13.1 **테 스 트** 특정한 절차에 따라 제품, 프로세스 또는 서비스의 둘 이상의 특성을 결정하는 기술적인 작업

13.1.1 **시 험** 둘 이상의 테스트를 시행하는 행위

비 고 동 비고는 불어판에만 적용된다.

13.2 **테스트 방법** 테스트를 실시하기 위한 특정한 기술적 절차

13.3 **테스트 보고서** 테스트 결과 및 기타 테스트에 관한 정보를 제시하는 문서

13.4 **시 험 소** 테스트를 시행하는 연구소

비 고 "시험소"라는 용어는 법인, 기술연구소 또는 이들 양자의 개념으로 사용될 수 있다.

13.5 **(연구소) 숙련도 시험** 연구소간 비교를 통해 연구소의 시험 능력을 결정하는 것.

14. 적합성 진단

14.1 **적합성 진단** 제품, 프로세스 또는 서비스가 특정한 요구사항을 얼마나 충족하는지에 대한 구조적인 고찰

비 고 동 비고는 불어판에만 적용된다.

14.2 **검 사** 측정, 시험 또는 계측의 적절한 방법을 이용한 관측 및 판단에 의한 적합성 진단

14.3 **검사 기구** 검사를 수행하는 기구

14.4 **적합성 시험** 시험의 수단에 의한 적합성 진단

14.5 **형식 시험** 생산에 있어서 대표적인 제품의 둘 이상의 표본에 의한 적합성 시험

14.6 **적합성 사후관리** 특정한 요구사항에 지속적으로 적합성을 유지하는가를 결정하기 위한 적합성 검토

15. 적합성의 보증

15.1 **적합성의 보증** 제품, 프로세스 또는 서비스가 특정한 요구사항을 충족한다는 신뢰를 주는 진술을 발행하는 활동

비 고 제품에 있어서 진술은 문서, 라벨 또는 기타 동등한 수단으로의 형태를 취한다. 이 진술은 인쇄되거나 제품에 대한 통신매체, 카탈로그, 신용장, 사용자지침서 등에 적용될 수 있다.

15.1.1 **공급자 선언** 공급자가 제품, 프로세스 또는 서비스가 특정한 요구사항을 충족한다는 신뢰를 주는 진술을 발행하는 절차

비 고 혼동을 피하기 위하여 "자체인증"이란 용어는 사용되어서는 안 된다.

15.1.2 **인 증** 제삼자가 제품, 프로세스 또는 서비스가 특정한 요구사항을 충족한다는 신뢰를 주는 진술을 발행하는 절차

15.2 **인증기관** 인증을 수행하는 기관

비 고 인증기관은 자체적으로 자체 시험 및 검사활동을 수행하거나 또는 다른 기관에서 대행해 주는 이런 활동을 감독할 수 있다.

15.3 **증서**(인증에 대한) 인증시스템의 규칙에 따라 발행된 문서로서, 인중기관은 인원 또는 기관에 관련 인증제도의 규정에 따라 제품, 프로세스 또는 서비스에 대한 적합성 증서 또는 마크를 사용할 권리를 인가한다.

15.4 **피인가자**(인증에 대한) 인증기관이 증서를 인가한 인원 또는 기관

15.5 **적합성 인증서** 인증시스템의 규칙에 따라 발행된 문서로서, 제품, 프로세스 또는 서비스가 특정한 표준 또는 기타 인용문서에 적합하다는 신뢰를 제공하는 문서

15.6 **적합성 마크**(인증에 대한) 인증시스템의 규칙에 따라 적용되거나 발행된 보호된 마크로서, 제품, 프로세스 또는 서비스가 특정한 표준 또는 기타 인용문서에 적합하다는 신뢰를 제공한다.

16. 승인 및 인정 협약

16.1 **승 인** 특정한 제품, 프로세스 또는 서비스가 규정된 목적을 위하여, 또는 정해진 조건하에서 마케팅되거나 사용되도록 허용하는 행위

16.1.1 **형식승인** 형식시험에 근거한 승인

16.2 **인정협약** 적합성 평가시스템의 지정된 기능적 요소를 일방 당사자가 이행한 결과를 타 당사자가 수용하기로 하는 합의

비 고 1. 인정협약의 대표적인 예는 시험협약, 검사협약 및 인증협약이다.

2. 인정협약은 국가, 지역 및 국제적 차원에서 성립될 수 있다.

3. 결과에 대한 수용 없이 절차의 동등성만을 선언하는 것에 한정된 협약은 상기 정의에 포함되지 않는다.

16.3 **일방적 협약** 일방의 결과를 타 당사자가 수용하는 인정협약

16.4 **양자간 협약** 각 당사자의 결과를 쌍방이 모두 수용하는 인정협약

16.5 **다자간 협약** 각 당사자의 결과를 둘 이상의 당사자가 수용하는 인정협약

17. 적합성 평가기관 및 인원의 인정

17.1 **인정제도** 인정을 수행하기 위한 자체의 절차규정과 경영진을 갖춘 시스템

비 고 적합성 평가기관에 대한 인정은 통상적으로 성공적인 심사 후에 이루어지며, 적절한 사후관리를 수반한다.

17.2 **인정기관** 인정제도를 수행하고 관리하며 인정을 인가하는 기관

17.3 **인정된 기관** 인정이 인가된 기관

17.4 **인정기준** 인정기관에서 사용하는 일련의 요구사항으로서, 적합성 평가기관이 인정을 받기 위해서는 이를 준수하여야 한다.

저자 약력

강창욱

- 한양대학교 산업경영공학과 교수
- 한국산업경영시스템학회 회장 역임
- 한국프로젝트경영학회 회장 역임
- ISO21500/PC236 한국전문위원회 위원장 역임

정재익

- 그레파트너스(주) 대표컨설턴트
- 서울벤처대학원대학교 외래교수
- 한국산업기술평가관리원 기술혁신평가위원
- 한국표준협회컨설팅 대표이사 역임

류길홍

- 그레파트너스(주) 표준품질 부문 수석컨설턴트
- 방위사업청 표준관리 자문위원
- 한국표준협회 북한표준연구소 책임연구원 역임

이승은

- 대전보건대학교 마케팅관리과 조교수
- 글로벌표준정책포럼 총괄간사
- 한국표준품질선진화포럼 사무처장 역임

정장우

- 한국표준품질선진화포럼 이사
- GMI 연구소 대표
- 유한대학교 산업경영과 겸임교수
- LG전자 상무 역임

김건호

- 신안산대학교 산업경영과 교수
- 한국산업경영시스템학회 이사

표준 작성 가이드

초판발행 2018년 2월 28일

지은이 강창욱 · 정재익 · 류길홍 · 이승은 · 정장우 · 김건호
펴낸이 안종만

편 집 마찬옥
기획/마케팅 임재무
표지디자인 조아라
제 작 우인도 · 고철민

펴낸곳 (주) 박영사
서울특별시 종로구 새문안로3길 36, 1601
등록 1959. 3. 11. 제300-1959-1호(倫)
전 화 02)733-6771
f a x 02)736-4818
e-mail pys@pybook.co.kr
homepage www.pybook.co.kr
ISBN 979-11-303-0547-9 93500

* 이 저서는 2017년도 정부(국가기술표준원)의 지원으로 한국표준품질선진화포럼에서 수행한 연구임.

정 가 18,000원